W0262685

Sillescu · Kernmagnetische Resonanz

ISBN 978-3-642-48452-0   ISBN 978-3-642-87164-1 (eBook)
DOI 10.1007/978-3-642-87164-1

Vorwort

Das vorliegende Buch will eine kurze, leicht lesbare Einführung in die Theorie der kernmagnetischen Resonanzerscheinungen geben. Die Anforderungen aus der theoretischen Physik werden niedrig gehalten, um dem an Anwendungen der kernmagnetischen Resonanz interessierten Chemiker den Zugang zu erleichtern. Dazu werden die Ableitungen der wichtigen Gleichungen ziemlich breit dargestellt, und es werden oft Zwischenrechnungen ausführlich hingeschrieben, die in anspruchsvolleren Darstellungen dem Leser überlassen werden.

Die Auswahl des Stoffes ist zum Teil durch didaktische Erwägungen bestimmt. Nach einem kurzen Überblick über die Phänomenologie der Kernresonanzerscheinungen (Kap. I) beginnt die Darstellung mit der Ableitung der klassischen Beziehungen für die magnetischen und elektrischen Wechselwirkungen (Kap. II), die in den weiteren Kapiteln quantenmechanisch behandelt werden. Die zeitunabhängigen Kopplungen (Kap. III), aus denen sich die Kernresonanzfrequenzen in Flüssigkeiten sowie in diamagnetischen, paramagnetischen und metallischen Festkörpern ergeben, nehmen den breitesten Raum ein. Ihre Behandlung ist vergleichsweise einfach und im Hinblick auf Anwendungen in der Chemie besonders wichtig. Die Darstellung der zeitabhängigen Kopplungen (Kap. IV) geht nur bis zu einer Stufe, die in der historischen Entwicklung der Theorie etwa 1953 vor dem Erscheinen der Arbeit von WANGNESS und BLOCH erreicht war. Auf dieser Stufe lassen sich die physikalischen Grundlagen der Kernresonanzabsorption gut verstehen. Die Grenzen und Mängel der älteren Theorie werden klar herausgestellt, und der Weg zu einer besseren und umfassenderen Beschreibung wird wenigstens im Ansatz aufgezeigt.

Dem speziell an der hochaufgelösten magnetischen Kernresonanz in Flüssigkeiten interessierten Leser wird empfohlen, zunächst die Kapitel I, IIc, Va – c, IIIa – b und IVa in der angegebenen Reihenfolge zu lesen. In diesem leichteren Teil des Buches wird aus der Quantenmechanik nur die Kenntnis der Schrödingerschen Wellengleichung für das Wasserstoffatom vorausgesetzt.

Mein besonderer Dank gilt Herrn Prof. Dr. HERMANN HARTMANN, der als mein Lehrer an der Universität in Frankfurt am Main meinen wissenschaftlichen Werdegang entscheidend beeinflußt hat. Er hat mich dazu ermuntert, ein Buch über kernmagnetische Resonanz zu schreiben, und seinen kritischen Bemerkungen zum Manuskript verdanken manche Abschnitte ihre endgültige Fassung. Herr Dipl. Chem. HERBERT RINNE-BERG hat mich auf eine Anzahl von Irrtümern und Unklarheiten im Manuskript aufmerksam gemacht, wofür ich ihm herzlich danke.

HANS SILLESCU

Inhaltsverzeichnis

I. Einleitung

Im Meterwellenbereich des elektromagnetischen Spektrums können bei vielen Stoffen Spektrallinien beobachtet werden, die von der Wechselwirkung der magnetischen Kernmomente mit einem Magnetfeld verursacht werden. Die ersten erfolgreichen Experimente dieser Art an festen und flüssigen Substanzen wurden 1946 in den Vereinigten Staaten veröffentlicht[1,2]. Inzwischen hat sich die kernmagnetische Resonanz zu einem der wichtigsten Teile der Spektroskopie entwickelt, dessen Anwendung besonders in der Chemie zur Beantwortung der verschiedenartigsten Fragestellungen herangezogen wird.

Zum Nachweis der kernmagnetischen Resonanz kann eine experimentelle Anordnung verwendet werden, wie sie in Abb. 1 als Blockschema dargestellt ist. In einem starken Magnetfeld H_0 befindet sich ein Proberöhrchen in der Spule eines HF-Oszillators, dessen Frequenz im MHz-Bereich liegt. Enthält die Probe Atomkerne, die ein magnetisches Moment besitzen, so werden bei einer bestimmten Frequenz ω_0, die durch die Beziehung $\omega_0 = \gamma H_0$ mit dem Magnetfeld verknüpft ist, die Schwingkreiseigenschaften des HF-Oszillators meßbar verändert. Die Probe wirkt dabei wie ein auf die Frequenz ω_0 abgestimmter Schwingkreis, der mit dem Oszillatorkreis schwach gekoppelt ist und mit diesem in Resonanz gerät, wenn der Oszillator mit der Frequenz ω_0 schwingt. Aus diesem Grunde hat man die Erscheinung als „Kernresonanz" bezeichnet. Die physikalische Ursache der Resonanzbedingung $\omega_0 = \gamma H_0$ wird uns in den folgenden Kapiteln ausführlich beschäftigen. Sie kann bei fester Oszillatorfrequenz auch durch Variation des Magnetfeldes H_0 erfüllt werden. Der Quotient von Resonanzfrequenz und Resonanzfeldstärke ist das sog. gyromagnetische Verhältnis γ, eine für jede Kernsorte charakteristische Konstante.

Bei der Anordnung von Abb. 1 erzeugt ein NF-Generator eine Wechselspannung ($\sim$ 50 Hz), die auf eine Spule in der Nähe der Probe und auf die x-Ablenkung eines Oszillographen gegeben wird. Die Spule erzeugt ein schwaches Modulationsfeld, das dem H_0-Feld überlagert wird. Sobald man durch Variation der Oszillatorfrequenz oder des H_0-Feldes in die Umgebung der Resonanzbedingung gelangt, erscheint auf dem Oszillographenschirm das Kernresonanzsignal in Abhängigkeit von dem Modulationsfeld, dessen Amplitude etwas größer als die Linienbreite

---

[1] PURCELL, E. M., H. C. TORREY, and R. V. POUND: Phys. Rev. **69**, 37 (1946).
[2] BLOCH, F., W. W. HANSEN, and M. E. PACKARD: Phys. Rev. **69**, 127 (1946).

des Signals gewählt wird. Die in der Praxis benutzten Kernresonanzspektrometer weichen in ihrem Aufbau oft erheblich von dem einfachen Schema der Abb. 1 ab. Wir wollen jedoch nicht auf experimentelle Einzelheiten eingehen und nehmen im folgenden immer an, daß wir ein optimales Kernresonanzspektrometer zur Verfügung haben.

Mit dem soeben skizzierten Kernresonanzspektrometer könnten wir wenigstens in Gedanken alle chemischen Elemente oder genauer alle verschiedenen Isotope untersuchen. Wir würden dabei feststellen, daß bei einer großen Zahl von Isotopen keine kernmagnetische Resonanz zu beobachten ist und daraus den Schluß ziehen, daß die Atomkerne dieser Isotope kein magnetisches Moment besitzen. Bei anderen Isotopen würden wir Kernresonanzfrequenzen finden, die sich bei gleichem Magnet-

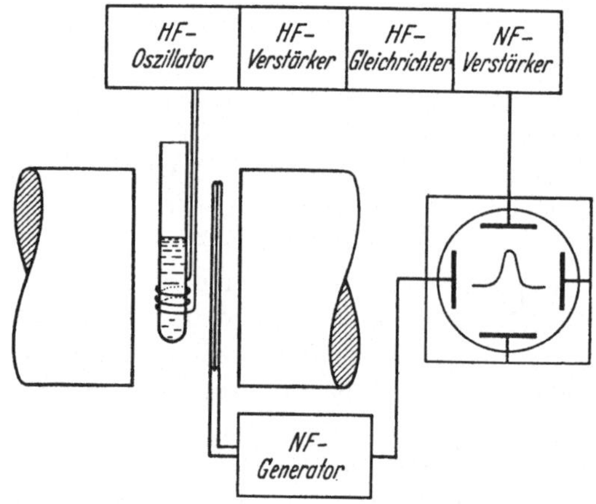

Abb. 1. Blockschema eines Kernresonanzspektrometers

feld H_0 beträchtlich unterscheiden. (In Tab. 1 sind die Kernresonanzfrequenzen einiger wichtiger Isotope bei einem Magnetfeld von 10^4 Oe* eingezeichnet.) Diese Unterschiede spiegeln die unterschiedliche Größe der magnetischen Kernmomente μ wider. Der Zusammenhang zwischen μ, H_0 und $\omega_0 = 2\pi \nu_0$ läßt sich schon mit der Bohrschen Frequenzbedingung $\Delta E = h\nu$ qualitativ verstehen. Wir gehen von dem klassischen Ausdruck $E = -(\vec{\mu}, \vec{H}_0) = -\mu H_0 \cos \vartheta$ für die potentielle Energie eines magnetischen Momentes $\vec{\mu}$ in einem magnetischen Feld $\vec{H}_0$ aus (ϑ ist der Winkel zwischen $\vec{\mu}$ und $\vec{H}_0$). Bei der Quantisierung ergeben

---

* Wir verwenden durchgehend das Gaußsche Einheitensystem, in dem das Magnetfeld $\vec{H}$ in Oerstedt, die magnetische Induktion $\vec{B} = \mu\vec{H}$ in Gauß gemessen wird. Da im Vakuum $\mu = 1$ ist, können wir bei mikroskopischen Gleichungen (z. B. Gl. II, 39) auf die Einführung der magnetischen Induktion verzichten, indem wir von der Identität $\vec{B} = \vec{H}$ Gebrauch machen.

sich für die Energie diskrete Werte E_1, E_2, E_3, ..., E_n. Wie wir später sehen werden, hängt die Zahl n dieser Energieterme durch die Beziehung $n = 2I + 1$ mit der Spinquantenzahl I zusammen, die in Spalte 2 der Tabelle steht. Der Zusammenhang zwischen E, μ und H_0 im klassischen Ausdruck für die potentielle Energie läßt vermuten, daß auch nach der Quantisierung die Energiedifferenzen ΔE und damit die Kernresonanzfrequenzen proportional zu μ und H_0 sind. Die Richtigkeit dieser Vermutung wird in Kap. III bewiesen. Außerdem werden wir zeigen, daß (von Effekten höherer Ordnung abgesehen) die Energieterme E_1, E_2, ..., E_n äquidistant sind und nur Übergänge zwischen benachbarten Termen

Tabelle 1. *Einige Kerneigenschaften*

Isotop	I	ν_0 {MHz} (bei 10^4 Oe)	Q (10^{-24} cm²)
C^{12}	0	0	0
O^{16}	0	0	0
H^1	$\frac{1}{2}$	42,577	0
C^{13}	$\frac{1}{2}$	10,705	0
F^{19}	$\frac{1}{2}$	40,055	0
P^{31}	$\frac{1}{2}$	17,235	0
H^2	1	6,536	$2,77 \cdot 10^{-3}$
N^{14}	1	3,076	$0,94 \cdot 10^{-2}$
Na^{23}	$\frac{3}{2}$	11,262	0,1
Cl^{35}	$\frac{3}{2}$	4,172	$-7,97 \cdot 10^{-2}$
Cl^{37}	$\frac{3}{2}$	3,472	$-6,21 \cdot 10^{-2}$
O^{17}	$\frac{5}{2}$	5,772	$-0,4 \ \cdot 10^{-2}$
Co^{59}	$\frac{7}{2}$	10,103	0,4

I : Kernspinquantenzahl
ν_0: Kernresonanzfrequenz
Q: Kernquadrupolmoment

vorkommen. Aus diesem Grund steht in Tab. 1 für jede Kernsorte nur eine Kernresonanzfrequenz, die durch die Beziehung $\omega_0 = \gamma \, H_0 = \text{const.} \, \mu \, H_0$ mit μ und H_0 zusammenhängt.

Nachdem wir mit unserem Gedankenexperiment alle verschiedenen Kernsorten untersucht haben, wollen wir die kernmagnetische Resonanz an einer Kernsorte vom Spin $I = \frac{1}{2}$ ($Q = 0$) in verschiedenen chemischen Verbindungen studieren, um festzustellen, welchen Einfluß die Umgebung eines Atomkerns auf seine Resonanzfrequenz hat. Es zeigt sich zunächst, daß die Breite der Resonanzlinien in festen Substanzen um etwa fünf Zehnerpotenzen größer ist als in Flüssigkeiten. In Festkörpern werden Linienbreiten von etwa 10 Oe, in Flüssigkeiten von etwa 10^{-4} Oe gefunden. (Im Frequenzmaßstab erhält man die Linienbreiten aus Tab. 1 mit Hilfe der Beziehung $\Delta\nu/\nu_0 = \Delta H/H_0$ und $H_0 = 10^4$ Oe.) Die Anforderungen an die Homogenität des Magnetfeldes und die zeitliche Stabilität sowohl des

Feldes als auch der Frequenz des Spektrometers sind bei Messungen in Flüssigkeiten außerordentlich groß. Man unterscheidet daher zwischen der *hochauflösenden* Kernresonanzspektroskopie in Flüssigkeiten und der *Breitlinien*-Kernresonanzspektroskopie in Festkörpern. Mit einem hochauflösenden Kernresonanzspektrometer lassen sich noch Resonanzlinien trennen, deren Frequenzabstand sich zur Resonanzfrequenz wie $10^{-8}:1$ verhält. Bei einem Breitlinien-Kernresonanzspektrometer sind die Homogenitäts- und Stabilitätsanforderungen nicht so hoch. Dafür wird Wert auf eine möglichst hohe Empfindlichkeit gelegt, da sich die Resonanzlinien in Festkörpern meist nur wenig vom Rauschen abheben.

In Einkristallen findet man an Stelle einer Resonanzlinie meist mehrere nahe beieinander liegende Linien mit Linienabständen bis zu etwa 20 Oe, die von der Orientierung des Kristalls im Magnetfeld abhängen. Die Ursache für diese Linienaufspaltungen ist die sog. direkte *magnetische Dipol-Dipol-Kopplung* der Kernmomente, die in Kap. III, d behandelt wird. Während in diamagnetischen Kristallen der Schwerpunkt dieses Linienspektrums im Rahmen der Meßgenauigkeit bei allen Verbindungen bei derselben Frequenz ν_0 liegt, die in Tab. 1 eingezeichnet ist, treten in paramagnetischen Kristallen und Metallen Frequenzverschiebungen gegenüber ν_0 auf, die durch die Wechselwirkung der Kernmomente mit den magnetischen Momenten der paramagnetischen Elektronen bzw. der freien Elektronen in Metallen verursacht werden. Die Theorie dieser Verschiebungen werden wir in Kap. III, e behandeln.

In Flüssigkeiten verschwindet der Einfluß der direkten Dipol-Dipol-Kopplung auf die Kernresonanzfrequenzen infolge der raschen Bewegung der Moleküle (siehe Kap. III, a). Dennoch sind winzige Linienaufspaltungen zu beobachten, die in Festkörpern wegen der großen Linienbreite nicht aufgelöst werden. Wir betrachten als Beispiel die H^1-Resonanz in Äthylalkohol $CH_3 \cdot CH_2 \cdot OH$. In einem Magnetfeld ($H_0 = 10^4$ Oe) mäßiger Homogenität, dessen Feldstärke sich über das Probenvolumen noch um $10^{-3}-10^{-2}$ Oe ändern kann, findet man drei Kernresonanzlinien in einem Abstand von etwa $2,5 \cdot 10^{-2}$ Oe, deren Intensitäten sich wie 1:2:3 verhalten (Abb. 2a). Da sich die Protonenzahlen von Hydroxyl-, Methylen- und Methylgruppe auch wie 1:2:3 verhalten, ist es naheliegend, die Resonanzlinien den Protonen in den drei verschiedenen Gruppen zuzuordnen. Es besteht demnach (bei konstanter Frequenz) ein Zusammenhang zwischen der Resonanzfeldstärke und der Elektronenstruktur des untersuchten Moleküls. Die Kerne werden durch die Elektronenhülle entsprechend ihrer Lage im Molekül verschieden stark gegen das Magnetfeld „abgeschirmt". Zum Beispiel ist im Äthylalkohol die Abschirmung der Methylprotonen stärker als die des Hydroxylprotons, da die Resonanzbedingung für die Methylprotonen erst bei einem höheren äußeren Magnetfeld erfüllt wird. Die relativen Unterschiede zwischen den Resonanzfeldstärken bezeichnet man als *chemische Verschiebung*. In Äthylalkohol ergeben sich aus Abb. 2a die chemischen Verschiebungen

$$\delta_{CH_3} = \frac{H_{CH_3} - H_{OH}}{H_{OH}} = 4,12 \cdot 10^{-6} = 4,12 \text{ ppm (parts per million)}$$

und

$$\delta_{CH_2} = \frac{H_{CH_2} - H_{OH}}{H_{OH}} = 1,65 \text{ ppm}$$

gegenüber der OH-Gruppe. Meist werden in der Protonenresonanzspektroskopie als Referenzsignale die Resonanzsignale von H_2O oder $Si(CH_3)_4$ verwendet.

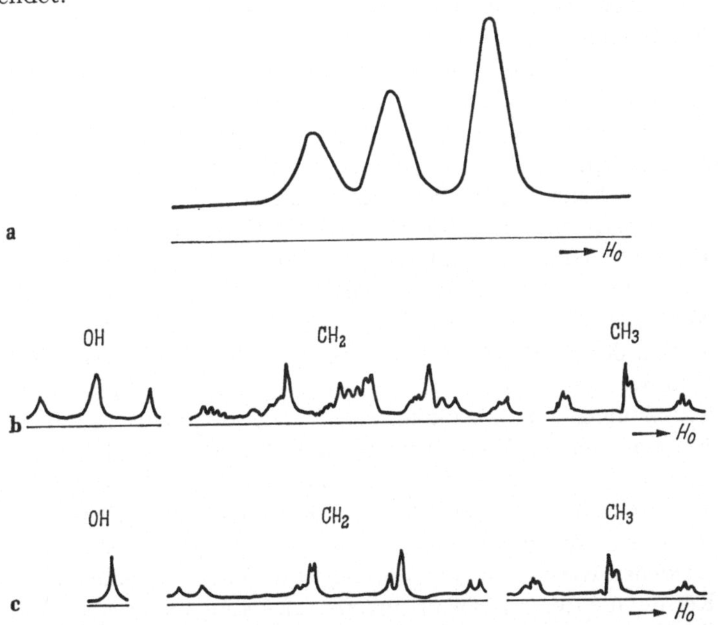

Abb. 2. Protonenresonanz in Äthanol; a) Spektrum bei mäßiger Auflösung; b) Spektrum bei hoher Auflösung; c) Spektrum von schwach angesäuertem Äthanol bei hoher Auflösung

In einem Magnetfeld höherer Homogenität zeigt das Kernresonanzspektrum von Äthylalkohol eine komplizierte Feinstruktur (Abb. 2b), deren Ursache in einer schwachen Wechselwirkung der Kernmomente zu suchen ist. Man bezeichnet diese Wechselwirkung gewöhnlich als *indirekte Spin-Spin-Kopplung*, da — anders als bei der direkten Dipol-Dipol-Kopplung in Festkörpern — die Elektronenhülle wesentlich an dem Kopplungsmechanismus beteiligt ist (Kap. III, a—c).

Das Spektrum der Abb. 2b wird nur mit hochgereinigtem Alkohol erhalten. Säuert man diesen leicht an, so erhält man das Spektrum der Abb. 2c. Das Verschwinden der Spin-Spin-Aufspaltung am Hydroxylion läßt sich verstehen, wenn man den durch die Säure katalysierten Protonenaustausch zwischen verschiedenen Molekülen berücksichtigt. Wir kommen in Kap. IV, c noch einmal kurz auf derartige Austauscheffekte zurück, verweisen aber im übrigen auf die umfangreiche Literatur über die Anwendung der kernmagnetischen Resonanz in der chemischen Kinetik[3, 4].

Lassen wir die Beschränkung auf Kerne mit dem Spin $I = \frac{1}{2}$ fallen, so können auch in Flüssigkeiten Kernresonanzlinienbreiten auftreten, die mit denen in Festkörpern vergleichbar oder noch größer sind. Diese Linienverbreiterung wird durch die Wechselwirkung des elektrischen Quadrupolmomentes dieser Kerne (Tab. 1, Sp. 4; Kap. II, b und III, f) mit dem inhomogenen elektrischen Feld der Elektronenhülle verursacht. Die Linienbreite ist in diesem Fall ein Maß für die Größe der Quadrupolwechselwirkung und damit für die Inhomogenität (genauer: für den Gradienten) des elektrischen Feldes am Kernort.

In Festkörpern können zwischen den Energiezuständen der Quadrupolwechselwirkung direkt Übergänge induziert werden. Die ersten erfolgreichen Experimente zum Nachweis dieser *Kernquadrupolresonanz* wurden 1950 von DEHMELT und KRÜGER[5] durchgeführt. Sie verwendeten ein Spektrometer, das sich in seinem schematischen Aufbau nur wenig von Abb. 1 unterscheidet: Die Feldmodulation ist durch eine Frequenzmodulation des Oszillators ersetzt; der große Elektromagnet fehlt.

Nicht weniger wichtig als die bisher diskutierten Frequenzen sind die zeitabhängigen Erscheinungen in der kernmagnetischen Resonanz. Alle Bewegungen von Molekülen oder Molekülgruppen sind zugleich auch Bewegungen der magnetischen Kernmomente in diesen Molekülen. Dadurch werden die Magnetfelder der Kernmomente zeitlich veränderlich, und es kommen zeitabhängige magnetische Kopplungen zwischen verschiedenen Kernmomenten zustande. Die Wechselwirkung der bewegten Kernmomente mit einem äußeren elektromagnetischen Feld gibt mittelbar Auskunft über die Natur dieser Kopplungen und damit über die Bewegungen der Moleküle in der Probe. In Kap. IV werden wir den Einfluß zeitabhängiger Kopplungen auf die Linienbreiten und Intensitäten der magnetischen Kernresonanzlinien untersuchen. Wir verzichten jedoch auf eine Behandlung der nicht stationären Kernresonanzmethoden (schneller Resonanzdurchgang, Spin-Echo-Technik), die zum Studium der zeitabhängigen Kopplungen besonders gut geeignet sind.

---

[3] LOEWENSTEIN, A., u. T. M. CONNOR: Ber. Bunsenges. phys. Chem. **67**, 295 (1963).

[4] Siehe Literaturverzeichnis (S. 134), Ref. **5**.

[5] DEHMELT, H. G., u. H. KRÜGER: Naturwissenschaften **37**, 111 (1950).

II. Klassische Beziehungen

a) Dipole im Magnetfeld

Ein magnetischer Dipol $\vec{M}$ erfährt in einem homogenen Magnetfeld $\vec{H}$ ein Drehmoment

$$\vec{N} = \vec{M} \times \vec{H} \,, \tag{1}$$

das ihn in die Feldrichtung ($\vec{M} \parallel \vec{H}$) zu drehen versucht. Sei α der Winkel, den $\vec{M}$ und $\vec{H}$ einschließen, das heißt $|\vec{M} \times \vec{H}| = M H \sin \alpha$. Wird $\vec{M}$ aus der Lage parallel zu $\vec{H}$ um den Winkel α herausgedreht, so nimmt er die potentielle Energie

$$\begin{aligned}
V' &= \int_0^\alpha N \, d\alpha = MH \int_0^\alpha \sin \alpha \, d\alpha \\
&= - MH \cos \alpha + MH \\
&= - (\vec{M}, \vec{H}) + V_0
\end{aligned}$$

auf. Verschiebt man den Nullpunkt der potentiellen Energie um V_0, so erhält man

$$V = V' - V_0 = - (\vec{M}, \vec{H}) \tag{2}$$

als potentielle Energie des Dipols $\vec{M}$ im Magnetfeld $\vec{H}$. Befindet sich ein weiterer Dipol $\vec{M}'$ in einem Abstand $\vec{r}$ von $\vec{M}$ (Abb. 3), so wirkt auf $\vec{M}'$ außer dem Feld $\vec{H}$ noch ein Feld $\vec{H}'$, das von $\vec{M}$ herrührt. Wir suchen die potentielle Energie von $\vec{M}'$ in $\vec{H}'$. Dazu denken wir uns, wie es in der Magnetostatik üblich ist, $\vec{M}$ durch zwei „magnetische Ladungen" p und $-p$ im Abstand a realisiert, wobei $a \ll r$ sein soll. Dann erzeugt $\vec{M} = p \, \vec{a}$ an der Stelle $\vec{M}'$ ein Potential

$$\varphi = \frac{p}{r_1} + \frac{-p}{r_2} \,.$$

r_1 und r_2 lassen sich nach dem Cosinussatz leicht ausrechnen. Es folgt

$$\varphi(\vec{r}) = p \frac{(\vec{a}, \vec{r})}{r^3} = \frac{(\vec{M}, \vec{r})}{r^3} \,. \tag{3}$$

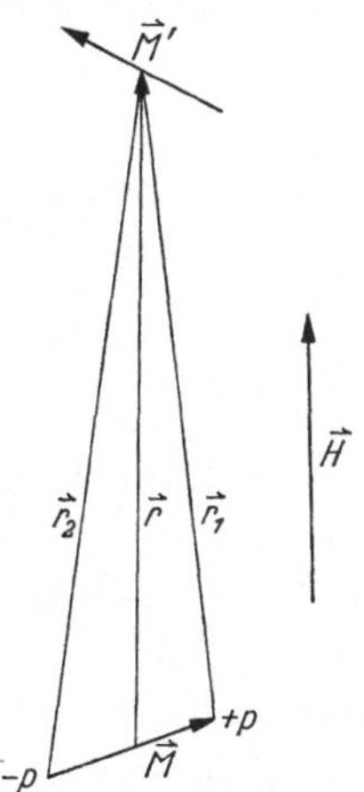

Abb. 3. Wechselwirkung zweier magnetischer Dipole $\vec{M}$ und $\vec{M}'$ im homogenen Magnetfeld $\vec{H}$

Für das Feld H' erhalten wir

$$\vec{H}' = - \operatorname{grad} \varphi\,(\vec{r}) = - \frac{1}{r^3} \operatorname{grad}(\vec{M}, \vec{r}) - (\vec{M}, \vec{r})\operatorname{grad}(r^{-3})$$

$$= - \frac{\vec{M}}{r^3} + 3\,\frac{(\vec{M}, \vec{r})\,\vec{r}}{r^5}\,. \tag{4}$$

Die potentielle Energie des Dipols $\vec{M}'$ im Feld $\vec{H}'$ ist demnach

$$V' = - (\vec{M}', \vec{H}') = \frac{(\vec{M}', \vec{M})}{r^3} - 3\,\frac{(\vec{M}', \vec{r})\,(\vec{M}, \vec{r})}{r^5}\,. \tag{5}$$

Für das weitere wollen wir uns den Dipol $\vec{M}$ durch einen Kreisstrom i einer elektrischen Ladung $-e$ auf einer Kreisbahn vom Radius ϱ realisiert denken. Ein solcher Kreisstrom erzeugt in genügender Entfernung das gleiche Feld (4) wie ein Dipol

$$\vec{M} = \frac{1}{c}\,i \cdot \pi\varrho^2 \cdot \mathfrak{n}\,, \tag{6a}$$

wobei $\mathfrak{n}$ ein Einheitsvektor parallel $\vec{M}$ ist. Wenn $-e$ in der Zeit τ einmal die Kreisbahn umläuft, so ist $i = \dfrac{-e}{\tau} = \dfrac{-e\,\omega}{2\,\pi}$ und

$$\vec{M} = \frac{-1}{c}\,\frac{e\,\omega}{2\,\pi} \cdot \pi\varrho^2 \cdot \mathfrak{n} = \frac{-e\,\omega\varrho^2}{2\,c}\,\mathfrak{n}\,. \tag{6b}$$

Wir verlangen jetzt noch, daß die Ladung $-e$ mit einer Masse m verbunden sei. Dann ist der Drehimpuls

$$\vec{L} = m\,(\vec{\varrho} \times \vec{v}) = m\,\omega\varrho^2 \cdot \mathfrak{n}\,. \tag{7}$$

Aus (6) und (7) folgt

$$\vec{M} = \frac{-e}{2\,m\,c}\,\vec{L} = \gamma\,\vec{L}\,. \tag{8}$$

Wegen $\vec{N} = \dfrac{d}{dt}\,\vec{L}$ folgt aus (1) und (8)

$$\frac{d\vec{M}}{dt} = \gamma\,(\vec{M} \times \vec{H})\,. \tag{9}$$

Man hat γ das klassische gyromagnetische Verhältnis genannt. Damit wird die Ähnlichkeit von (9) mit der Gleichung für die Präzessionsbewegung eines Kreisels angedeutet. Die Behandlung einer rotierenden räumlichen Ladungsverteilung der Stromdichte $\vec{j}$ mit dem Dipolmoment

$$\vec{M} = \frac{1}{2\,c} \int (\vec{r} \times \vec{j})\,dV\,,$$

die dem Bild des Kreisels etwas näher kommt, führt ebenso zur Bewegungsgleichung (9)[1].

---

[1] Siehe z. B. GOLDSTEIN, H.: Classical Mechanics. Mass. USA Reading 1959.

Um die durch (9) beschriebene Bewegung des Dipols $\vec{M}$ besser zu übersehen, führen wir eine Koordinatentransformation durch. Es sei K ein kartesisches Laborsystem mit den Achsen x, y, z und K' ein Koordinatensystem mit den Achsen x', y', $z' = z$, das sich gegenüber K mit der Winkelgeschwindigkeit $\vec{\omega}$ um die z-Achse dreht (Abb. 4). Dann bewegt sich jeder in K' zeitlich konstante Vektor $\vec{g}$ in K mit der Geschwindigkeit

$$\frac{d\vec{g}}{dt} = \vec{\omega} \times \vec{g} \; . \tag{10}$$

Bezeichnen wir den Differentialquotienten nach der Zeit in K' mit $\frac{d'}{dt}$ und bewegt sich ein Vektor $\vec{h}$ in K' mit der Geschwindigkeit $\frac{d'\vec{h}}{dt}$, so bewegt er sich in K mit der Geschwindigkeit

$$\frac{d\vec{h}}{dt} = \frac{d'\vec{h}}{dt} + \vec{\omega} \times \vec{h} \; . \tag{11}$$

Demnach bewegt sich der Dipol $\vec{M}$ in K' mit der Geschwindigkeit

$$\frac{d'\vec{M}}{dt} = \frac{d\vec{M}}{dt} - \vec{\omega} \times \vec{M} \; .$$

Nach (9) ist dann

$$\frac{d'\vec{M}}{dt} = \gamma\,(\vec{M} \times \vec{H}) + \vec{M} \times \vec{\omega}$$

oder

$$\frac{d'\vec{M}}{dt} = \gamma\,\left\{ \vec{M} \times \left(\vec{H} + \frac{\vec{\omega}}{\gamma} \right) \right\} \; . \tag{12}$$

Schreibt man $\vec{H}' = \vec{H} + \vec{\omega}/\gamma$, so stimmt (12) mit (9) formal überein. An die Stelle von $\vec{H}$ ist in K' ein „effektives" Feld $\vec{H}'$ getreten.

Bis hierher wurde nur vorausgesetzt, daß $\vec{H}$ homogen ist. Wir wollen jetzt speziell annehmen, daß für das Feld $\vec{H}$ gilt:

$$\vec{H} = \vec{H}_0 + \vec{H}_1 \; .$$

$\vec{H}_0$ ist ein in K und K' zeitlich konstantes Feld parallel zur z-Achse, während $\vec{H}_1$ ein nur in K' zeitlich konstantes Feld parallel zur x'-Achse sein soll. $\vec{H}_1$ dreht sich also mit der Winkelgeschwindigkeit $\vec{\omega}$ um $\vec{H}_0$.

Setzen wir zunächst noch $\vec{H}_1 = 0$, so folgt für die Bewegung von $\vec{M}$ im Magnetfeld $\vec{H}_0$ aus (9)

$$\frac{d\vec{M}}{dt} = \gamma\,(\vec{M} \times \vec{H}_0) \tag{13}$$

und aus (12)

$$\frac{d'\vec{M}}{dt} = \gamma\,\left\{ \vec{M} \times \left(\vec{H}_0 + \frac{\vec{\omega}}{\gamma} \right) \right\} \; . \tag{14}$$

Hat $\vec{\omega}$ speziell den Wert

$$\vec{\omega}_0 = -\gamma \vec{H}_0 , \tag{15}$$

so ist $\frac{d'}{dt} \vec{M} = 0$ und somit $\vec{M}$ in K' zeitlich konstant. Dies bedeutet, daß $\vec{M}$ um $\vec{H}_0$ eine Präzessionsbewegung mit der Frequenz $\omega_0 = |\gamma H_0|$ ausführt. Das negative Vorzeichen von $\vec{\omega}_0$ bezieht sich auf den Drehsinn. Weisen $\vec{\omega}$ und $\vec{H}_0$ in die gleiche Richtung (Abb. 4), so haben $\vec{M}$ und K' entgegengesetzten Drehsinn.

Lassen wir die Einschränkung $\vec{H}_1 = 0$ wieder fallen, so folgt für die Bewegung von $\vec{M}$ aus (12)

$$\frac{d'\vec{M}}{dt} = \gamma \left\{ \vec{M} \times \left(\vec{H}_0 + \vec{H}_1 + \frac{\vec{\omega}}{\gamma} \right) \right\} \tag{16}$$

oder

$$\frac{d'\vec{M}}{dt} = \gamma \left(\vec{M} \times \vec{H}' \right) , \tag{17}$$

wenn man mit $\vec{H}' = \vec{H}_0 + H_1 + \vec{\omega}/\gamma$ das in K' konstante effektive Magnetfeld bezeichnet. Schreibt man für die Basisvektoren in K' die Buchstaben $\vec{i}'$, $\vec{j}'$ und $\vec{k}' = \vec{k}$, so erhält man für das effektive Feld in K'

$$\vec{H}' = H_1 \vec{i}' + \left(H_{0z} + \frac{\omega_z}{\gamma} \right) \vec{k} \tag{17a}$$

und für den Betrag

$$H' = \sqrt{H_1^2 + \left(H_{0z} + \frac{\omega_z}{\gamma} \right)^2} . \tag{18}$$

Die Vektorkomponenten, die auch negative Werte annehmen können, sind mit einem Index versehen, um sie von den Beträgen der Vektoren zu unterscheiden. Das heißt, es ist $|H_{0z}| = H_0$ und $|\omega_z| = \omega$.

Ein Vergleich von (17) mit (13) legt es nahe, eine Winkelgeschwindigkeit

$$\vec{\omega}' = -\gamma \vec{H}' \tag{19}$$

einzuführen. Der Betrag von $\vec{\omega}'$ ist dann die Präzessionsfrequenz der Bewegung von $\vec{M}$ um $\vec{H}'$ im System K' (Abb. 5). Führt man noch die Winkelgeschwindigkeit

$$\vec{\omega}_1 = -\gamma \vec{H}_1 \tag{20}$$

ein, so erhält man aus (15), (19) und (20) für die Präzessionsfrequenz ω' den Wert

$$\omega' = \sqrt{(\vec{\omega} - \vec{\omega}_0)^2 + \omega_1^2}. \tag{21}$$

Im Fall $\omega = \omega_0$ ist $\omega' = \omega_1$. Der Vektor $\vec{M}$ führt daher in K' nach (16) und (20) eine Präzessionsbewegung um die x'-Achse mit der Frequenz ω_1 aus.

Es soll jetzt noch die Bewegung von $\vec{M}$ unter der Annahme $H_1 \ll H_0$ diskutiert werden. In diesem Fall ist in einem sehr großen Frequenzbereich auch $|\vec{H}_0 + \vec{\omega}/\gamma| \gg H_1$. Es ist somit in guter Näherung $\vec{H}' \parallel \vec{H}_0$, und $\vec{M}$ führt nahezu eine Präzessionsbewegung um $\vec{H}_0$ aus, der sich nur eine schwache Nutation mit der Frequenz ω' überlagert. Die z-Komponente von $\vec{M}$ behält dabei einen nahezu konstanten Wert. Ist dagegen $\vec{\omega} = \vec{\omega}_0 = -\gamma\,\vec{H}_0$, so führt $\vec{M}$ eine Präzessionsbewegung um $\vec{H}_1$ aus. Die z-Komponente von $\vec{M}$ ändert sich dabei sehr stark und nimmt sogar negative Werte an. Damit wird eine typische Resonanzerscheinung

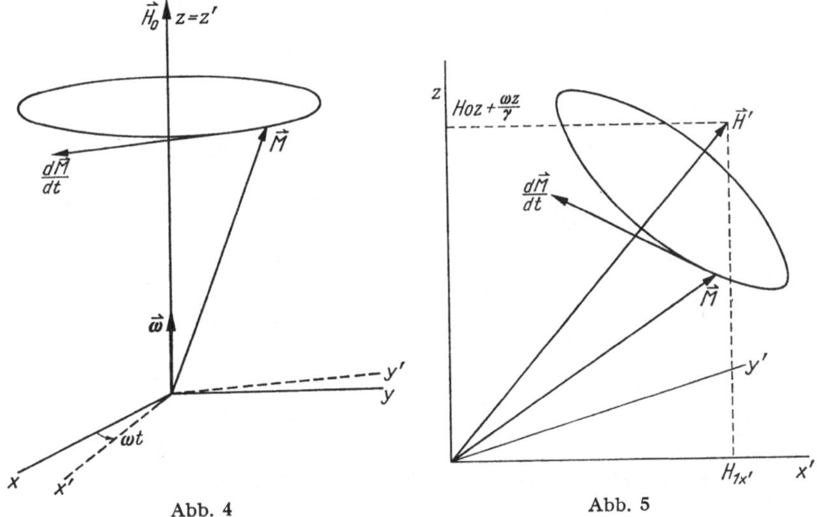

Abb. 4. Präzession eines Dipols $\vec{M}$ um die Richtung eines Magnetfeldes $\vec{H}_0$

Abb. 5. Präzession des Dipols $\vec{M}$ um die Richtung des effektiven Magnetfeldes $\vec{H}'$ im rotierenden Koordinatensystem K'

beschrieben: Ein dem Betrage nach sehr kleines Drehfeld $\vec{H}_1$ kann große Änderungen von $\vec{M}$ bewirken, wenn seine Drehfrequenz ω in die Nähe der Resonanzfrequenz ω_0 kommt.

b) Quadrupol im elektrischen Feld

Es soll die Wechselwirkung zweier Ladungsverteilungen betrachtet werden. Die Dichte $\varrho^{(i)}(\vec{R})$ der einen Ladungswolke ist nur innerhalb einer Kugel (Abb. 6) von Null verschieden, während die andere Ladungswolke eine nur außerhalb der Kugel von Null verschiedene Dichte $\varrho^{(a)}(\vec{r})$ besitzt. Legen wir den Koordinatenursprung in die Mitte der Kugel, so ist $R < r$ für alle Werte von $\vec{R}$ und $\vec{r}$.

Die Ladung $\varrho^{(a)}(\vec{r})d\tau^{(a)}$ im Volumenelement $d\tau^{(a)}$ erzeugt innerhalb der Kugel ein Potential

$$d\varphi(\vec{R}) = \frac{\varrho^{(a)}(\vec{r})\,d\tau^{(a)}}{|\vec{r}-\vec{R}|}. \tag{22}$$

Die ganze Ladungswolke der Dichte $\varrho^{(a)}$ erzeugt demnach das Potential

$$\varphi(\vec{R}) = \int \frac{\varrho^{(a)}(\vec{r})\,d\tau^{(a)}}{|\vec{r}-\vec{R}|}. \tag{23}$$

Die Wechselwirkungsenergie der äußeren Ladungswolke mit der Ladung $\varrho^{(i)}(\vec{R})d\tau^{(i)}$ im Volumenelement $d\tau^{(i)}$ ist

$$d V = \varphi(\vec{R})\,\varrho^{(i)}(\vec{R})\,d\tau^{(i)}.$$

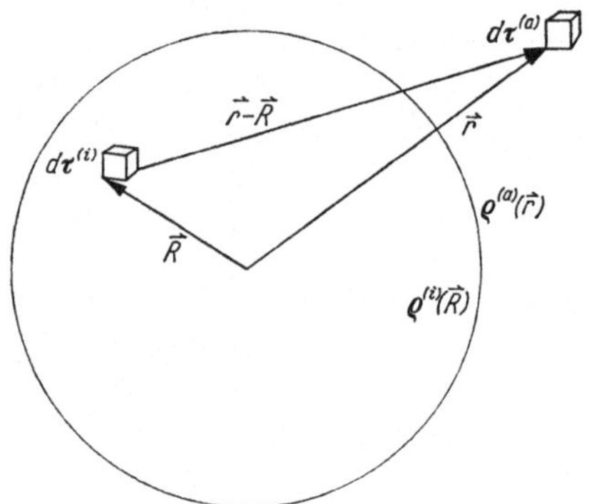

Abb. 6. Elektrostatische Wechselwirkung zweier Ladungsverteilungen

Die gesamte Wechselwirkungsenergie der beiden Ladungswolken ist demnach

$$V = \int \varphi(\vec{R})\,\varrho^{(i)}(\vec{R})\,d\tau^{(i)} = \iint \frac{\varrho^{(a)}(\vec{r})\,\varrho^{(i)}(\vec{R})}{|\vec{r}-\vec{R}|}\,d\tau^{(a)}\,d\tau^{(i)}. \tag{24}$$

In einem kartesischen Koordinatensystem habe $\vec{R}$ die Komponenten X_1, X_2, X_3 und $\vec{r}$ die Komponenten x_1, x_2, x_3. Eine Taylorentwicklung von $\varphi(\vec{R})$ um den Nullpunkt ergibt dann

$$\varphi(\vec{R}) = \varphi_0 + \sum_{j=1}^{3} \varphi_j\, X_j + \tfrac{1}{2} \sum_{j=1}^{3} \sum_{k=1}^{3} \varphi_{jk}\, X_j X_k + \ldots. \tag{25}$$

Dabei ist

$$\varphi_0 = \varphi(0),\ \varphi_j = \left(\frac{\partial\varphi}{\partial X_j}\right)_{R=0} \text{ und } \varphi_{jk} = \left(\frac{\partial^2\varphi}{\partial X_j\,\partial X_k}\right)_{R=0}.$$

Für die Wechselwirkungsenergie V folgt schließlich

$$V = V_0 + V_D + V_Q + \cdots$$
$$V_0 = \varphi_0 \int \varrho^{(i)} \, (\vec{R}) \, d\tau^{(i)}$$
$$V_D = \sum_j \varphi_j \int X_j \varrho^{(i)} \, (\vec{R}) \, d\tau^{(i)} \tag{26}$$
$$V_Q = \tfrac{1}{2} \sum_j \sum_k \varphi_{jk} \int X_j X_k \varrho^{(i)} \, (\vec{R}) \, d\tau^{(i)} \; .$$

Das erste Glied V_0 ist die Wechselwirkungsenergie einer Punktladung $\int \varrho^{(i)} \, (\vec{R}) \, d\tau^{(i)}$ mit der äußeren Ladungswolke. Das zweite Glied V_D ist ein skalares Produkt

$$V_D = - \, (\vec{E} \, (0), \int \vec{R} \varrho^{(i)} \, (\vec{R}) \, d\tau^{(i)}) \tag{27}$$

wobei

$$\vec{E} \, (0) = - \, (\mathrm{grad} \, \varphi)_{R=0} = - \, \{\varphi_1, \varphi_2, \varphi_3\} \tag{28}$$

das von der äußeren Ladungsverteilung im Nullpunkt erzeugte elektrische Feld und $\int \vec{R} \, \varrho^{(i)} \, (\vec{R}) \, d\tau^{(i)}$ das elektrische Dipolmoment der inneren Ladungsverteilung darstellt.

Die im dritten Glied

$$V_Q = \tfrac{1}{2} \sum_{j=1}^{3} \sum_{k=1}^{3} \varphi_{jk} \int X_j X_k \varrho^{(i)} \, (\vec{R}) \, d\tau^{(i)}$$

vorkommenden Größen kann man als Tensorkomponenten betrachten. Bildet man die Gradienten der Komponenten φ_1, φ_2, φ_3 von $-\vec{E}$ im Nullpunkt, so erhält man drei Vektoren, deren Komponenten man zu einem Tensor, dem sog. Feldgradiententensor

$$\begin{pmatrix} \varphi_{11} & \varphi_{12} & \varphi_{13} \\ \varphi_{21} & \varphi_{22} & \varphi_{23} \\ \varphi_{31} & \varphi_{32} & \varphi_{33} \end{pmatrix},$$

zusammenfassen kann. Der Feldgradiententensor ist wegen der Vertauschbarkeit der Differentiation $\left(\dfrac{\partial^2}{\partial X_j \partial X_k} = \dfrac{\partial^2}{\partial X_k \partial X_j}\right)$ ein symmetrischer Tensor. Das heißt, es ist $\varphi_{jk} = \varphi_{kj}$. Da im Nullpunkt $(\vec{R} = 0)$

$$\Delta \varphi = \sum_j \varphi_{jj} = 0 \tag{29}$$

ist (Laplace Gleichung), verschwindet die Spur des Feldgradiententensors, die ja als Summe seiner Diagonalelemente definiert ist.

Die Integrale $\int X_j X_k \varrho^{(i)} \, (\vec{R}) \, d\tau^{(i)}$ sind ebenfalls Komponenten eines symmetrischen Tensors. Um zu erreichen, daß seine Spur verschwindet, addiert man zu V_Q noch ein Glied

$$V_Q' = - \tfrac{1}{2} \sum_j \sum_k \varphi_{jk} \int \delta_{jk} \, \tfrac{1}{3} R^2 \varrho^{(i)} \, d\tau^{(i)} = - \tfrac{1}{6} \sum_j \varphi_{jj} \int R^2 \varrho^{(i)} \, d\tau^{(i)} = 0;$$

denn $\sum_j \varphi_{jj}$ ist wegen (29) gleich Null. Damit ist

$$V_Q = \tfrac{1}{6} \sum_{j=1}^{3} \sum_{k=1}^{3} \varphi_{jk} \int (3 X_j X_k - \delta_{jk} R^2) \varrho^{(i)} \, (\vec{R}) \, d\tau^{(i)} \; . \tag{30}$$

Die Integrale

$$Q_{jk} = \int (3\,X_j\,X_k - \delta_{jk}\,R^2)\,\varrho^{(i)}\,(\vec{R})\,d\tau^{(i)} \tag{31}$$

sind jetzt Komponenten eines Tensors mit verschwindender Spur. Man nennt ihn den Quadrupolmomententensor oder auch einfach das Quadrupolmoment der inneren Ladungsverteilung.

$$V_Q = \tfrac{1}{6} \sum_{j=1}^{3} \sum_{k=1}^{3} \varphi_{jk}\,Q_{jk} \tag{32}$$

ist die Wechselwirkungsenergie dieses Quadrupolmomentes mit dem Feldgradienten der äußeren Ladungsverteilung. Die Doppelsumme ist im Sinne der Tensorrechnung das doppelt skalare Produkt der beiden Tensoren (φ_{jk}) und (Q_{jk}).

Um die Komponenten φ_{jk} des Feldgradiententensors aus (23) zu berechnen, differenzieren wir die Größe

$$\frac{1}{|\vec{r} - \vec{R}|} = \{r^2 + R^2 - 2\,(\vec{r},\,\vec{R})\}^{-\frac{1}{2}} = \left\{r^2 + R^2 - 2 \sum_{n=1}^{3} x_n\,X_n\right\}^{-\frac{1}{2}}.$$

Es ist

$$\frac{\partial}{\partial X_k}\,\frac{1}{|\vec{r} - \vec{R}|} = \frac{x_k - X_k}{|\vec{r} - \vec{R}|^3}\,,$$

$$\frac{\partial^2}{\partial X_j\,\partial X_k}\,\frac{1}{|\vec{r} - \vec{R}|} = \frac{3\,(x_j - X_j)\,(x_k - X_k)}{|\vec{r} - \vec{R}|^5} - \frac{\delta_{jk}}{|\vec{r} - \vec{R}|^3}$$

und

$$\left(\frac{\partial^2}{\partial X_j\,\partial X_k}\,\frac{1}{|\vec{r} - \vec{R}|}\right)_{R=0} = \frac{3\,x_j\,x_k - \delta_{jk}\,r^2}{r^5}\,.$$

Aus (23) folgt dann für die Komponenten des Feldgradiententensors

$$\varphi_{jk} = \int \frac{3\,X_j\,X_k - \delta_{jk}\,r^2}{r^5}\,\varrho^{(a)}\,(\vec{r})\,d\tau^{(a)}\,. \tag{33}$$

Nach einem Satz der linearen Algebra läßt sich jeder symmetrische Tensor durch eine orthogonale Transformation

$$x_j' = \sum_k h_{jk}\,x_k$$

der Koordinaten auf Diagonalform bringen. (Eine orthogonale Transformation bedeutet geometrisch eine Drehung des Koordinatensystems.) Die neuen Koordinatenachsen x_1', x_2', x_3' nennt man die Hauptachsen des Tensors. Transformieren wir also den Feldgradiententensor φ_{jk} auf Hauptachsen, so sind nur noch seine Diagonalelemente

$$\varphi_{jj}' = \int \frac{3\,x_j'^2 - r'^2}{r'^5}\,\varrho^{(a)}\,(\vec{r}')\,d\tau'^{(a)}\,; \qquad (j = 1,\,2,\,3)$$

von Null verschieden. Da (29) auch im Hauptachsensystem gilt, sind nur zwei der Komponenten φ'_{jj} voneinander unabhängig. Es ist üblich, zwei Größen

$$eq = \varphi'_{33} \tag{34}$$

und

$$\eta = \frac{\varphi'_{11} - \varphi'_{22}}{\varphi'_{33}} \tag{35}$$

einzuführen, die zusammen mit den Richtungen der Hauptachsen den Feldgradiententensor vollständig beschreiben. $e > 0$ ist die Elementarladung, η bezeichnet man als Asymmetrieparameter des Feldgradiententensors. Bei einem rotationssymmetrischen Tensor ist $\varphi'_{11} = \varphi'_{22}$ und demnach $\eta = 0$. Man wählt im allgemeinen die Hauptachsen so, daß $|\varphi'_{11}| \leq |\varphi'_{22}| \leq |\varphi'_{33}|$ und damit $0 \leq \eta \leq 1$ ist. Für die Quadrupol-

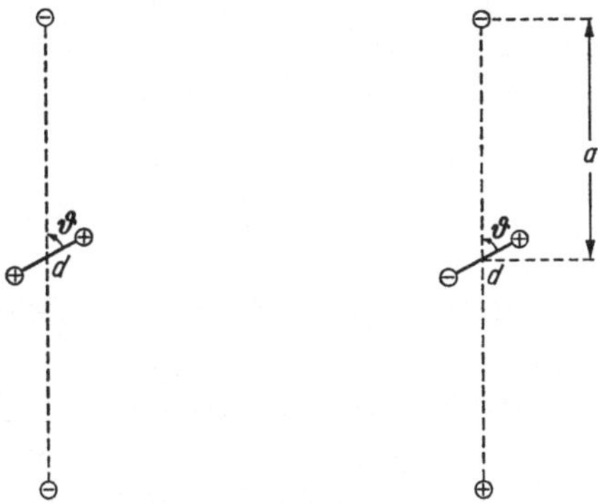

Abb. 7. a) Quadrupol im elektrischen Feldgradienten; b) Dipol im elektrischen Feld

wechselwirkungsenergie (32) erhalten wir im Hauptachsensystem des Feldgradiententensors (d. h. $Q_{jk} \to Q'_{jk}$) mit (29), (34) und (35)

$$V_Q = \frac{eq}{6} \left[\tfrac{1}{2} (\eta - 1) Q'_{11} - \tfrac{1}{2} (\eta + 1) Q'_{22} + Q'_{33} \right] . \tag{36}$$

Besonders einfach wird der Ausdruck für $\eta = 0$. Da die Spur des Quadrupolmomententensors verschwindet, ist $Q'_{11} + Q'_{22} = -Q'_{33}$ und wir erhalten

$$V_Q = \tfrac{1}{4} eq\, Q'_{33} . \tag{37}$$

Die potentielle Energie hat also bei positivem Feldgradienten eq ihren größten Wert, wenn die Hauptachsenrichtungen von φ_{jk} und Q_{jk} übereinstimmen.

Zur Veranschaulichung ist in Abb. 7 ein linearer Quadrupol $Q = e\,d^2$ in einem von zwei negativen Ladungen erzeugten Feldgradienten $eq = -4\,e/a^3$ neben einen Dipol $\mu = e\,d$ in einem elektrischen Feld vom Betrage $E = 2e/a^2$ gestellt. Die Zeichen $+$ und $-$ auf der Abbildung bedeuten die Ladungen $+ e$ und $- e$. Die x_3'-Achse des Feldgradiententensors liegt in Abb. 7 a parallel zur Verbindungslinie der beiden negativen Ladungen. Die Ladungsdichte der positiven Punktladungen $+ e$ an den Stellen $\vec{R}_1 = \{d/2 \sin \vartheta,\, 0,\, d/2 \cos \vartheta\}$ und $\vec{R}_2 = -\vec{R}_1$ wird durch die Diracschen δ-Funktionen $e\, \delta\, (\vec{R} - \vec{R}_1)$ und $e\, \delta\, (\vec{R} - \vec{R}_2)$ dargestellt. Für die Komponente Q_{33}' des Quadrupolmomentes folgt aus (31)

$$Q_{33}' = e \int [3\, (X_3')^2 - R^2]\, [\delta\, (\vec{R} - \vec{R}_1) + \delta\, (\vec{R} - \vec{R}_2)]\, d\tau^{(i)}$$

$$= \frac{ed^2}{2}\, (3 \cos^2 \vartheta - 1)\,.$$

Dies ergibt mit (37)

$$V_Q = - \frac{e^2\, d^2}{2\, a^3}\, (3 \cos^2 \vartheta - 1)$$

für die potentielle Energie des Quadrupols im Feldgradienten $eq = -4e/a^3$. [Die Komponente des Quadrupolmomentes in Richtung der Quadrupolhauptachse $(\vartheta = 0)$ ist $Q = e\, d^2$.] Für die Dipolwechselwirkung folgt aus (2)

$$V_D = - \frac{2\, e^2\, d}{a^2}\, \cos \vartheta\,.$$

c) Hamiltonfunktion eines Moleküls im Magnetfeld

Wir betrachten ein klassisches Modell eines Moleküls im Magnetfeld Die Atomkerne sehen wir als ruhende Massenpunkte an, die mit positiven Ladungen und eventuell mit magnetischen Dipolmomenten und elektrischen Quadrupolmomenten verbunden sind. Im Feld dieses Kerngerüstes mögen sich negativ geladene Massenpunkte, die Elektronen, bewegen. Von dem magnetischen Spinmoment der Elektronen und dem Magnetfeld[*], das die Elektronen als bewegte Ladungen erzeugen (Bahnmagnetismus), sehen wir der Einfachheit halber ab (siehe aber Kap. III, c). Wir beschränken unsere Betrachtung damit auf diamagnetische Moleküle, ohne näher auf die Theorie des Magnetismus der Elektronen einzugehen. Das Molekül befinde sich in einem homogenen, statischen Magnetfeld $\vec{H}_0$.

Vor einer weiteren Diskussion des Molekülmodells betrachten wir den einfacheren Fall der Bewegung einer elektrischen Ladung $- e$ in einem statischen elektrischen Feld $\vec{E}$ und einem statischen Magnetfeld $\vec{H}$. Auf das Teilchen wirkt dann eine dem elektrischen Feld proportionale Kraft $- e\vec{E}$ und außerdem die sog. Lorentz-Kraft $(- e/c)\, (\vec{v} \times \vec{H})$, die dem Vektorprodukt aus der Teilchengeschwindigkeit $\vec{v}$ und der Magnetfeldstärke $\vec{H}$

---

[*] Streng genommen erzeugen die Elektronen ein zeitlich veränderliches elektromagnetisches Feld, dessen Einfluß in der Quantenfeldtheorie berücksichtigt wird.

proportional ist. (c bedeutet die Vakuumlichtgeschwindigkeit.) Die Newtonschen Bewegungsgleichungen für das Teilchen, das die Masse m habe, lauten demnach

$$m \, \frac{d^2 \vec{r}}{dt^2} = - e \, \vec{E} - \frac{e}{c} \, (\vec{v} \times \vec{H}) \, . \tag{38}$$

An Stelle der Newtonschen Gleichungen wollen wir jedoch ein anderes äquivalentes System von Gleichungen betrachten. Wir definieren dazu die Potentiale $\varphi_0 \, (x, y, z)$ und $\vec{A} \, (x, y, z)$ durch die Gleichungen*

$$\vec{E} = - \operatorname{grad} \varphi_0$$
$$\vec{H} = \operatorname{rot} \vec{A} \tag{39}$$

und führen die sog. Hamiltonfunktion $\mathcal{H} \, (x, y, z; p_x, p_y, p_z)$ ein, die für das betrachtete System durch die Gleichung

$$\mathcal{H} = \frac{1}{2 \, m} \left(\vec{p} + \frac{e}{c} \, \vec{A} \right)^2 - e \, \varphi_0 \tag{40}$$

definiert ist**. Es läßt sich dann leicht zeigen, daß die sog. Hamiltonschen Gleichungen

$$\frac{dx}{dt} = \frac{\partial \mathcal{H}}{\partial p_x}, \; \frac{dy}{dt} = \frac{\partial \mathcal{H}}{\partial p_y}, \; \frac{dz}{dt} = \frac{\partial \mathcal{H}}{dp_z}, \tag{41a}$$

$$\frac{dp_x}{dt} = - \frac{\partial \mathcal{H}}{\partial x}, \; \frac{dp_y}{dt} = - \frac{\partial \mathcal{H}}{\partial y}, \; \frac{dp_z}{dt} = - \frac{\partial \mathcal{H}}{\partial z} \tag{41b}$$

den Newtonschen Gleichungen (38) äquivalent sind. Die Gleichung (41a) gibt einen Zusammenhang zwischen der Geschwindigkeit $\vec{v} = \dfrac{d\vec{r}}{dt}$ und dem Impuls $\vec{p}$ des Teilchens. Es ist nämlich wegen (40)

$$\frac{\partial \mathcal{H}}{\partial p_x} = \frac{1}{m} \left(p_x + \frac{e}{c} \, A_x \right)$$

und somit

$$m \, \vec{v} = \vec{p} + \frac{e}{c} \cdot \vec{A} \, . \tag{42}$$

---

* Der Gradient einer Funktion $f \, (x, y, z)$ und die Rotation eines Vektorfeldes $\vec{a} \, (x, y, z)$ sind Vektoren, die in den kartesischen Koordinaten x, y, z wie folgt definiert sind:

$$\operatorname{grad} f = \left\{ \frac{\partial f}{\partial x}, \; \frac{\partial f}{\partial y}, \; \frac{\partial f}{\partial z} \right\}$$

$$\operatorname{rot} \vec{a} = \left\{ \frac{\partial a_z}{\partial y} - \frac{\partial a_y}{\partial z}, \; \frac{\partial a_x}{\partial z} - \frac{\partial a_z}{\partial x}, \; \frac{\partial a_y}{\partial x} - \frac{\partial a_x}{\partial y} \right\} .$$

** In der Mechanik wird die Aufgabe, welche Funktion $\mathcal{H} \, (\vec{r}, \vec{p})$ die Gl. (41) erfüllt, gewöhnlich auf dem Umweg über die Lagrangeschen Gleichungen allgemein gelöst. Unsere Diskussion eines einfachen Beispiels soll lediglich den Zusammenhang der Hamiltonschen mit den Newtonschen Gleichungen andeuten, da wir nicht voraussetzen wollen, daß alle Leser mit dem Hamiltonschen Formalismus vertraut sind.

Wir erwähnen noch, daß die Gln. (39) und (41) auch durch die Funktionen $\psi_0 + \text{const.}$ und $\vec{A} + \operatorname{grad} f$ erfüllt werden.

Man bezeichnet $\vec{p} = m\,\vec{v} - e/c\,\vec{A}$ auch als den verallgemeinerten Impuls des Teilchens. Im Grenzfall $\vec{H} \to 0$ geht auch $\vec{A} \to 0$ und damit $\vec{p} \to m\,\vec{v}$.

Aus den Gleichungen (41b) und (42) lassen sich umkehrbar eindeutig die Newtonschen Gleichungen (38) gewinnen. Es ist nach (42)

$$\frac{dp_x}{dt} = m\,\frac{d^2x}{dt^2} - \frac{e}{c}\left(\frac{\partial A_x}{\partial x}\frac{dx}{dt} + \frac{\partial A_x}{\partial y}\frac{dy}{dt} + \frac{\partial A_x}{\partial z}\frac{dz}{dt}\right)$$

und

$$-\frac{\partial \mathscr{H}}{\partial x} = -\frac{1}{2\,m}\frac{\partial}{\partial x}\left[\left(p_x + \frac{e}{c}\,A_x\right)^2 + \left(p_y + \frac{e}{c}\,A_y\right)^2 + \left(p_z + \frac{e}{c}\,A_z\right)^2\right] + e\,\frac{\partial \varphi_0}{\partial x}$$

$$= -\frac{e}{m\,c}\left[\left(p_x + \frac{e}{c}\,A_x\right)\frac{\partial A_x}{\partial x} + \left(p_y + \frac{e}{c}\,A_y\right)\frac{\partial A_y}{\partial x} + \left(p_z + \frac{e}{c}\,A_z\right)\frac{\partial A_z}{\partial x}\right] - e\,E_x$$

$$= -\frac{e}{c}\left(\frac{dx}{dt}\frac{\partial A_x}{\partial x} + \frac{dy}{dt}\frac{\partial A_y}{\partial x} + \frac{dz}{dt}\frac{\partial A_z}{\partial x}\right) - e\,E_x\,.$$

Damit ist

$$m\,\frac{d^2x}{dt^2} = -\,e\,E_x - \frac{e}{c}\left[\frac{dy}{dt}\left(\frac{\partial A_y}{\partial x} - \frac{\partial A_x}{\partial y}\right) + \frac{dz}{dt}\left(\frac{\partial A_z}{\partial x} - \frac{\partial A_x}{\partial z}\right)\right]$$

$$= -\,e\,E_x - \frac{e}{c}\left(\vec{v} \times \vec{H}\right)_x\,.$$

Entsprechende Gleichungen ergeben sich für die y- und z-Komponenten. Im Grenzfall $\vec{H} \to 0$ erhält man für die Hamiltonfunktion nach (40)

$$\mathscr{H} = p^2/2\,m - e\,\varphi_0$$

als Summe der kinetischen Energie $p^2/2\,m$ und der potentiellen Energie $-\,e\,\varphi_0$ des Teilchens. Im Fall eines elektrischen Zentralfeldes $E = +Ze/r^2$ ist

$$\mathscr{H} = p^2/2\,m - Ze^2/r. \tag{43}$$

Der Bewegungszustand des Teilchens zu irgendeiner Zeit t ist durch seine Orts- und Impulskoordinaten $\vec{r}(t)$ und $\vec{p}(t)$ gegeben. Man erhält $\vec{r}(t)$ und $\vec{p}(t)$ als Lösungen der Hamiltonschen Gleichungen (41) mit der Hamiltonfunktion (40), wenn die „Anfangswerte" $\vec{r}(t_0)$ und $\vec{p}(t_0)$ zu irgendeiner Zeit t_0 gegeben sind.

Nachdem wir den Zusammenhang der Newtonschen und der Hamiltonschen Gleichungen an einem einfachen Beispiel studiert haben, wollen wir für das kompliziertere System des oben betrachteten Molekülmodells lediglich die Hamiltonfunktion angeben und die Bedeutung der einzelnen Glieder diskutieren. Für ein Molekül, das aus N Kernen und n Elektronen besteht, ist

$$\mathscr{H} = \frac{1}{2\,m}\sum_{l=1}^{n}\left(\vec{p}_l + \frac{e}{c}\,\vec{A}_l\right)^2 - e\,\varphi + V_M + V_D + V_Q\,. \tag{44}$$

$-e\varphi$ ist die potentielle Energie aller elektrischen Wechselwirkungen mit Ausnahme der Kernquadrupolwechselwirkung V_Q, die in Abschnitt b (Gl. 36) behandelt wurde.

$$V_M = - \sum_{k=1}^{N} (\vec{\mu}_k, \vec{H}_0) \tag{45}$$

ist (siehe Gleichung 2) die potentielle Energie der Kerndipolmomente $\vec{\mu}_k$ im Magnetfeld $\vec{H}_0$. V_D ist die potentielle Energie der direkten magnetischen Kopplung aller Kerndipole untereinander, die in (5) für zwei Dipole angegeben ist. $\vec{A}_l$ ist mit dem Magnetfeld $\vec{H}_l$ am Ort des l-ten Elektrons durch die Beziehung $\vec{H}_l = \mathrm{rot}\,\vec{A}_l$ verknüpft. $\vec{H}_l$ setzt sich aus dem äußeren Feld $\vec{H}_0$ und den Magnetfeldern (siehe Gleichung 4), die durch die Kerndipole $\vec{\mu}_k$ am Ort des l-ten Elektrons erzeugt werden, zusammen. In Kap. III, c (Gleichung 39) geben wir $\vec{A}_l$ als Funktion des Feldes $\vec{H}_0$, der Dipolmomente μ_k und der Kern-Elektronen-Abstände $\vec{r}_{kl}$ an. Dort wird auch gezeigt, wie durch die magnetische Kopplung eines Elektrons an zwei Kerndipole $\vec{\mu}_j$ und $\vec{\mu}_k$ eine indirekte magnetische Kopplung von $\vec{\mu}_j$ und $\vec{\mu}_k$ vermittelt wird.

III. Energiezustände und Frequenzen
a) Hamiltonoperator

Die Energiezustände eines Moleküls im Magnetfeld, die sein Kernresonanzspektrum bestimmen, ergeben sich aus der Lösung der zeitunabhängigen Schrödinger-Gleichung für das Molekülmodell, das wir in Kap. II, c betrachtet haben. Zunächst behandeln wir den einfacheren Fall eines Teilchens der Ladung $-e$ und der Masse m im Zentralfeld $+Ze/r^2$. Die Schrödinger-Gleichung

$$- \frac{\hbar^2}{2\,m} \varDelta \, \psi - \frac{Ze^2}{r} \, \psi = E \, \psi$$

$$\varDelta \equiv \frac{\partial^2}{\partial x^2} + \frac{\partial^2}{\partial y^2} + \frac{\partial^2}{\partial z^2} \tag{1}$$

für dieses System, die ja im Fall $Z = 1$ mit der Schrödinger-Gleichung für das Wasserstoffatom identisch ist, wollen wir als bekannt voraussetzen. Wir schreiben sie in einer etwas anderen Form

$$\left\{ \frac{1}{2\,m} \left(\frac{\hbar}{i} \vec{\nabla} \right)^2 - \frac{Ze^2}{r} \right\} \psi = E \, \psi \tag{2}$$

und nennen

$$\mathscr{H} = \frac{1}{2\,m} \left(\frac{\hbar}{i} \vec{\nabla} \right)^2 - \frac{Ze^2}{r} \tag{3}$$

den Hamiltonoperator* des Systems.

Bezeichnen wir

$$\vec{p} = \frac{\hbar}{i} \vec{\nabla}$$

$$\left(p_x = \frac{\hbar}{i} \frac{\partial}{\partial x} \, , \; p_y = \frac{\hbar}{i} \frac{\partial}{\partial y} \, , \; p_z = \frac{\hbar}{i} \frac{\partial}{\partial z} \right) \tag{4}$$

als den Impulsoperator des Teilchens, so hat der Hamiltonoperator

$$\mathscr{H} = \frac{1}{2\,m} \vec{p}^2 - \frac{Ze^2}{r} \tag{5}$$

---

* Als Operator bezeichnet man in der Mathematik jede Rechenvorschrift. So sind z. B. $\frac{d}{dx}$ oder $a+$ Operatoren, die vorschreiben, daß der nachfolgende Ausdruck (etwa eine Funktion f) differenziert oder zu a addiert werden soll. In (1) und (2) haben wir den Delta-Operator $\varDelta$ und den Nabla-Operator $\vec{\nabla}$ eingeführt. Zwischen diesen Operatoren und dem Operator grad besteht der folgende Zusammenhang:

$$\frac{\partial^2 f}{\partial x^2} + \frac{\partial^2 f}{\partial y^2} + \frac{\partial^2 f}{\partial z^2} \equiv \varDelta f \equiv (\vec{\nabla}, \vec{\nabla}) \, f \equiv \vec{\nabla}^2 \, f \equiv (\mathrm{grad}, \mathrm{grad}) \, f$$

wobei $f = f(x, y, z)$ zweimal differenzierbar sei.

die gleiche Form wie die Hamiltonfunktion (II, 43) des Teilchens in der klassischen Mechanik. Wir sind damit auf eine Verknüpfung der Schrödinger-Gleichung mit der klassischen Hamiltonfunktion gestoßen, die in der nichtrelativistischen Quantenmechanik allgemein gültig ist. Wir können demnach den Hamiltonoperator eines quantenmechanischen Systems finden, indem wir die Hamiltonfunktion für ein klassisches Modell aufsuchen und darin die Impulskoordinaten durch die Impulsoperatoren (4) ersetzen. Wir müssen allerdings noch erwähnen, daß in der allgemeinen Quantenmechanik auch die Ortskoordinaten durch Operatoren zu ersetzen sind. In der oben betrachteten *Schrödinger-Darstellung*★ wird dies nicht so deutlich, da in diesem Fall der Ortsvektor $\vec{r}$ durch den Operator $\vec{r} = \vec{r} \cdot$ ersetzt wird, der lediglich eine Multiplikation der nachfolgenden Funktion ψ mit $\vec{r}$ vorschreibt. Es gibt jedoch andere Darstellungen★★ der Quantenmechanik, in denen die Ortsoperatoren in komplizierterer Weise mit den Ortskoordinaten zusammenhängen. Daher schreiben wir den Hamiltonoperator (5) in einer Form

$$\mathcal{H} = \frac{1}{2\,m}\,\boldsymbol{p}^2 - Ze^2\,\boldsymbol{r}^{-1}\,, \tag{6}$$

die unabhängig von der speziellen Darstellung der Operatoren $\vec{p}$ und $\vec{r}$ ist.

Nach den Bemerkungen über das Teilchen im Zentralfeld ist es formal sehr einfach, die Schrödinger-Gleichung für ein komplizierteres Molekül im Magnetfeld $\vec{H}_0$ aufzufinden. Es ist lediglich die Hamiltonfunktion (Gl. II, 44) durch den entsprechenden Hamiltonoperator

$$\mathcal{H} = \frac{1}{2\,\mathrm{m}} \sum_{l=1}^{n} \left(\vec{\boldsymbol{p}}_l + \frac{e}{c}\,\vec{\boldsymbol{A}}_l \right)^2 - e\,\varphi + \boldsymbol{V}_M + \boldsymbol{V}_D + \boldsymbol{V}_Q \tag{7}$$

zu ersetzen. Aus der Lösung der Schrödinger-Gleichung $\mathcal{H}\,\psi = E\,\psi$ erhält man dann Energiezustände E_1, E_2, E_3, ..., deren Differenzen $E_j - E_k = h\,\nu_{jk}$ die Kernresonanzfrequenzen ν_{jk} bestimmen. Die allgemeine Durchführung dieses Gedankenganges wollen wir jedoch einem späteren Kapitel (III, c) vorbehalten und im folgenden einen einfacheren Hamiltonoperator untersuchen, der eine empirische Beschreibung der hochaufgelösten Kernresonanzspektren in Flüssigkeiten gestattet.

Der Hamiltonoperator für die Kopplung von N freien Kernmomenten $\vec{\mu}_k$ an das äußere Magnetfeld $\vec{H}_0$ hat nach (II, 45) die Form

$$\mathcal{H}_M = - \sum_{k=1}^{N} (\vec{\mu}_k, \vec{H}_0)\,.$$

Wie im Anhang (Kap. V, b) gezeigt wird, hängt das magnetische Moment $\vec{\mu}_k$ durch die Beziehung

$$\vec{\mu}_k = \gamma_k \hbar \, \vec{\boldsymbol{I}}(k) \tag{7 a}$$

★ Der Begriff der Darstellung wird im Anhang (Kap. V, a) ausführlich erläutert.

mit dem Spin $\vec{I}(k)$ und dem gyromagnetischen Verhältnis γ_k des k-ten Kerns zusammen. Demnach ist

$$\mathscr{H}_M = - \sum_{k=1}^{N} \gamma_k \, \hbar \, (\vec{I}(k), \vec{H}_0) \tag{8}$$

der Hamiltonoperator für die Kopplung der Kernmomente an das äußere Feld $\vec{H}_0$.

Die experimentell nachweisbare chemische Verschiebung können wir im Hamiltonoperator berücksichtigen, indem wir am Ort jedes Kerns eine etwas verschiedene magnetische Feldstärke

$$\vec{H}_k = (1 - \sigma_k) \, \vec{H}_0$$

annehmen. Die empirische Konstante σ_k bezeichnen wir als die Abschirmkonstante des k-ten Kerns. Nach der Definition der chemischen Verschiebung in der Einleitung ist

$$\delta_j = \frac{H_j - H_k}{H_k} = \frac{\sigma_k - \sigma_j}{1 - \sigma_k} \approx \sigma_k - \sigma_j$$

die chemische Verschiebung des Kerns j gegen den Kern k. Für den Hamiltonoperator erhalten wir an Stelle von (8)

$$\mathscr{H}_{M,\sigma} = \mathscr{H}_M + \mathscr{H}_\sigma \tag{9}$$

$$= - \sum_{k=1}^{N} \hbar \, \gamma_k \, (1 - \sigma_k) \, (\vec{I}(k), \vec{H}_0) \,.$$

Schließlich müssen wir noch die indirekte Spin-Spin-Kopplung in unserem empirischen Hamiltonoperator berücksichtigen. Wir nehmen versuchsweise an, daß die Kopplung zwischen zwei Kernmomenten $\vec{\mu}_j$ und $\vec{\mu}_k$ dem skalaren Produkt $(\vec{\mu}_j, \vec{\mu}_k)$ proportional ist und addieren zu (9) den Summanden

$$\mathscr{H}_J = \sum\sum_{j<k} h \, J_{jk} \, (\vec{I}(j), \vec{I}(k)) \,. \tag{10}$$

Die Summe läuft von 1 bis N über alle Werte von j und k mit $j < k$. Die empirischen Konstanten J_{jk} bezeichnen wir als Spin-Kopplungskonstanten. Sie werden nach der Definition (10) in Einheiten sec^{-1} gemessen. Die Summe von (9) und (10) ergibt den Hamiltonoperator

$$\mathscr{H} = \mathscr{H}_M + \mathscr{H}_\sigma + \mathscr{H}_J$$

$$= - \sum_{k=1}^{N} \hbar \, \gamma_k \, (1 - \sigma_k) \, (\vec{I}(k), \vec{H}_0) + \sum\sum_{j<k} h \, J_{jk} \, (\vec{I}(j), \vec{I}(k)) \,. \tag{11}$$

Die Erfahrung hat gezeigt, daß sich tatsächlich alle hochaufgelösten Kernresonanzspektren in Flüssigkeiten durch einen Hamiltonoperator der Form (11) beschreiben lassen. Im folgenden Kapitel werden wir die Eigenwerte von $\mathscr{H}$ und damit die Kernresonanzfrequenzen als Funktion der empirischen Konstanten σ_k und J_{jk} ausrechnen und untersuchen, wie man die σ_k und J_{jk} aus einem gegebenen Kernresonanzspektrum entnehmen kann.

Es bleibt noch zu klären, wie der empirische Hamiltonoperator (11) mit dem Hamiltonoperator (7) zusammenhängt. Zunächst läßt sich relativ leicht einsehen, daß V_D und V_Q in Flüssigkeiten nicht zur Kernresonanzfrequenz beitragen. Die mittlere Lebensdauer eines Kernspinzustandes liegt (siehe Kap. IV, c) bei der Größenordnung von 1 sec (bei dominierender Quadrupolrelaxation einige Größenordnungen niedriger). Die Rotationsfrequenzen der Moleküle liegen bei etwa 10^{10} Hz. Die statischen magnetischen Dipolfelder und die statischen elektrischen Feldgradienten, die in Festkörpern die Kernresonanzfrequenzen durch Kopplungen V_D und V_Q beeinflussen, werden demnach in Flüssigkeiten zeitlich sehr rasch veränderlich. Wegen der völlig regellosen Bewegung der Moleküle verschwindet der Zeitmittelwert dieser Felder und damit jeder statische Beitrag, der die Kernresonanzfrequenz beeinflussen könnte. Die zeitlich veränderlichen Felder beeinflussen lediglich die Linienbreiten bzw. die Relaxationszeiten der Kernresonanzübergänge (siehe Kap. IV). Der Operator V_M in (7) ist mit (8) identisch. Der Operator

$$\mathscr{H}_0 = \frac{1}{2\,m} \sum_{l=1}^{n} \boldsymbol{p}_l^2 - e\,\varphi$$

bestimmt die Elektronenzustände des Moleküls. Bei der Diskussion von (11) haben wir stillschweigend angenommen, daß sich das Molekül im Elektronengrundzustand befindet. Durch Vergleich von (7) und (11) erhalten wir demnach die Identität

$$\mathscr{H}_\sigma + \mathscr{H}_J = \frac{e}{2\,mc} \sum_{l=1}^{n} [(\vec{\boldsymbol{p}}_l, \vec{\boldsymbol{A}}_l) + (\vec{\boldsymbol{A}}_l, \vec{\boldsymbol{p}}_l)] + \frac{e^2}{2\,mc^2} \sum_{l=1}^{n} \boldsymbol{A}_l^2 . \qquad (12)$$

Von dieser Gleichung werden wir in Abschnitt c ausgehen, wenn wir die physikalische Bedeutung der Konstanten σ_k und J_{jk} untersuchen. Wir erwähnen schon jetzt, daß durch (12) nur ein (meist sehr kleiner) Teil der chemischen Verschiebung und der Spin-Spin-Kopplung erfaßt wird. Es kommt noch ein Beitrag höherer Ordnung hinzu, der nur zu verstehen ist, wenn man den Elektronenparamagnetismus der angeregten Elektronenzustände des Moleküls berücksichtigt.

b) Chemische Verschiebung und Spin-Spin-Kopplung

Bei den Anwendungen der kernmagnetischen Resonanz in der organischen Chemie ist oft die Aufgabe zu lösen, aus dem Kernresonanzspektrum einer unbekannten Verbindung Aussagen über deren Molekülstruktur zu gewinnen. Wir wollen dabei an das Spektrum einer flüssigen oder einer gelösten Verbindung denken, bei der nur der Hamiltonoperator $\mathscr{H}_M + \mathscr{H}_\sigma + \mathscr{H}_J$ zu berücksichtigen ist. Die Information über die Struktur des Moleküls, die in einem Kernresonanzspektrum enthalten ist,

ist durch die Größe der Abschirmkonstanten (9) σ_k und der Spin-Kopplungskonstanten (11) J_{jk} gegeben. Wir suchen also nach Verfahren, diese Konstanten aus dem Spektrum zu entnehmen.

Besonders einfach ist die Aufgabe, wenn alle J_{jk} gleich Null sind. Dann besteht das Spektrum aus so vielen Linien, wie verschiedene Abschirmkonstanten im Molekül vorhanden sind. Die relativen Abschirmkonstanten $\delta_k = \sigma_k - \sigma_r$ lassen sich dann ohne Rechnung aus dem Spektrum entnehmen. Wie wir weiter unten (Abb. 9) sehen werden, ist der Linienabstand im Spektrum durch $\nu_0 \, \delta_k$ gegeben, wobei ν_0 die Kernresonanzfrequenz für $\sigma_k = \sigma_r = 0$ bedeutet.

Die chemischen Verschiebungen sind bei einer großen Zahl von Verbindungen bestimmt und in Tabellen[1,2] nach Molekülgruppen geordnet worden. Vergleicht man experimentell bestimmte chemische Verschiebungen einer unbekannten Verbindung mit den Werten in diesen Tabellen, so erhält man oft wertvolle Aussagen über die Struktur der unbekannten Verbindung.

Sind die Spin-Kopplungskonstanten J_{jk} nicht alle gleich Null, aber klein gegenüber den chemischen Verschiebungen $\nu_0 \, \delta_k$, so bewirkt die Kopplung der Spins im Spektrum nur eine Feinstrukturaufspaltung der Linien, aus der man weitere Informationen über die Struktur des Moleküls erhalten kann. Wie im folgenden gezeigt wird, kann man aus der Zahl und den relativen Intensitäten dieser Feinstrukturlinien auf die Zahl der benachbarten Kerne, ihren Spin und oft auch auf ihre geometrische Anordnung schließen.

Sind die Spin-Kopplungskonstanten J_{jk} in ihrer Größe mit den chemischen Verschiebungen $\nu_0 \, \delta_k$ vergleichbar, so kann das Kernresonanzspektrum sehr kompliziert werden. Um die Analyse eines komplizierteren Spektrums verstehen zu können, wollen wir zunächst die umgekehrte Aufgabe lösen: die Berechnung der Frequenzen des Kernresonanzspektrums eines bekannten Moleküls mit bekannten σ_k und J_{jk}.

Dazu sind die Eigenwerte des Hamiltonoperators (11)

$$\mathscr{H} = \mathscr{H}_M + \mathscr{H}_\sigma + \mathscr{H}_J$$

$$\mathscr{H}_M + \mathscr{H}_\sigma = -\sum_{k=1}^{N} \gamma_k \, \hbar \, (1-\sigma_k) \, (\vec{I}(k), \vec{H}_0) \tag{13}$$

$$\mathscr{H}_J = \sum_{j<k}^{N-1 \;\; N} h \, J_{jk} \, (\vec{I}(j), \vec{I}(k))$$

zu bestimmen. Wir führen ein kartesisches Koordinatensystem ein, in dem das Magnetfeld $\vec{H}_0$ in die negative z-Richtung weist:

$$\vec{H}_0 = (0, 0, -H_0), \quad \vec{I}(j) = \{I_x(j), I_y(j), I_z(j)\} \, .$$

[1] BHACCA, N. S., L. F. JOHNSON, and J. N. SHOOLERY: NMR Spectra Catalog, Vol. 1. Palo Alto: Varian Associates 1962.

[2] BHACCA, N. S., D. P. HOLLIS, L. F. JOHNSON, and E. A. PIER: NMR Spectra Catalog, Vol. 2. Palo Alto: Varian Associates 1963.

Dann ist

$$\mathcal{H}_M + \mathcal{H}_\sigma = \sum_{k=1}^{N} \gamma_k \, \hbar \, H_0 \, (1 - \sigma_k) \, I_z \, (k) \tag{14}$$

$$\mathcal{H}_J = \sum_{j<k}^{N-1 \ N} h \, J_{jk} \, \{I_x(j) \, I_x(k) + I_y(j) \, I_y(k) + I_z(j) \, I_z(k)\} \, .$$

Weiterhin beschränken wir uns auf den wichtigen Fall $I = \frac{1}{2}$. Atome mit dem Kernspin $I = \frac{1}{2}$ sind H^1, F^{19}, P^{31}, C^{13} und andere. Die Behandlung des Kernspins $I > \frac{1}{2}$ ist nicht schwieriger aber formal unübersichtlicher.

1. Ein Spin

Im Falle eines einzelnen Spins $\vec{I}$ hat der Hamiltonoperator (14) die Form

$$\mathcal{H} = \gamma \hbar \, H_0 \, (1 - \sigma) \, I_z \, .$$

Die Eigenzustände α und β von I_z sind demnach auch Eigenzustände von $\mathcal{H}$ (siehe Kap. V, b). Man erhält

$$\mathcal{H} \, \alpha = \tfrac{1}{2}\gamma \, \hbar \, H_0 \, (1 - \sigma) \, \alpha$$

und

$$\mathcal{H} \, \beta = - \tfrac{1}{2} \gamma \, \hbar \, H_0 \, (1 - \sigma) \, \beta.$$

Zwischen den beiden Eigenwerten von $\mathcal{H}$ sind Kernresonanzübergänge mit der Frequenz

$$\nu = \frac{\gamma}{2 \, \pi} H_0 \, (1 - \sigma)$$

möglich. Wegen $\omega = 2 \, \pi \nu$ und $\sigma \ll 1$ ist diese Gleichung mit der Resonanzbedingung identisch, die in der Einleitung (Kap. I) ohne Beweis angegeben wurde.

2. Zwei Spins

Das Zwei-Spin-System (z. B.: HF) soll ziemlich ausführlich behandelt werden, da Systeme mit mehr als zwei Spins außer einem größeren Rechenaufwand nichts grundsätzlich Neues bringen. Der Hamiltonoperator hat nach (13) und (14) für zwei Spins $\vec{I}$ (1) und $\vec{I}$ (2) die Form

$$\mathcal{H} = \gamma_1 \, \hbar \, H_0 \, (1 - \sigma_1) \, I_z \, (1) + \gamma_2 \, \hbar \, H_0 \, (1 - \sigma_2) \, I_z \, (2)$$
$$+ \, h \, J \, \{I_x(1) \, I_x(2) + I_y(1) \, I_y(2) + I_z(1) \, I_z(2)\} \, .$$

Mit den Abkürzungen $\varepsilon_1 \equiv \gamma_1 \, \hbar \, H_0 \, (1 - \sigma_1)$, $\varepsilon_2 \equiv \gamma_2 \, \hbar \, H_0 \, (1 - \sigma_2)$ und den Operatoren $I_\pm = I_x \pm i I_y$ (siehe Kap. V, b) erhält man

$$\mathcal{H} = \varepsilon_1 \, I_z(1) + \varepsilon_2 \, I_z(2) + h \, J \, I_z(1) \, I_z(2) + \frac{h}{2} J \, \{I_+(1) \, I_-(2) + I_-(1) \, I_+ (2)\} \tag{15}$$

Da die Operatoren $I(1)^2$, $I(2)^2$, $I_z(1)$ und $I_z(2)$ miteinander vertauschbar sind, können die Spinzustände so gewählt werden, daß sie zugleich Eigen-

zustände all dieser Operatoren sind. Die einfachsten Zustände dieser Art
sind die Produkte

$$\psi_1 = \alpha(1)\,\alpha(2)$$
$$\psi_2 = \alpha(1)\,\beta(2)$$
$$\psi_3 = \beta(1)\,\alpha(2) \tag{16}$$
$$\psi_4 = \beta(1)\,\beta(2)\,.$$

Die Komponenten von $\vec{I}(1)$ wirken nur auf den ersten Faktor eines Produktes ψ_n, die Komponenten von $\vec{I}(2)$ nur auf den zweiten Faktor.
Die skalaren Produkte $(\psi_l,\,\psi_n)$ werden gebildet, indem man die skalaren
Produkte der Faktoren gleichen Spins bildet und die Ergebnisse miteinander multipliziert. Man erhält so zum Beispiel

$$(\psi_1,\,\psi_2) = (\alpha(1),\,\alpha(1))\,(\alpha(2),\,\beta(2)) = 1\cdot 0 = 0\,.$$

Die Wirkung von $\mathscr{H}$ auf die Spinzustände ψ_n läßt sich mit Hilfe der
Gln. (V, 23a), (V, 24a) und (V, 25a) des Anhangs sofort angeben:

$$\mathscr{H}\,\psi_1 = \{\tfrac{1}{2}\,(\varepsilon_1 + \varepsilon_2) + \tfrac{1}{4}\,h\,J\}\,\psi_1$$
$$\mathscr{H}\,\psi_2 = \{\tfrac{1}{2}\,(\varepsilon_1 - \varepsilon_2) - \tfrac{1}{4}\,h\,J\}\,\psi_2 + \tfrac{1}{2}\,h\,J\,\psi_3 \tag{17}$$
$$\mathscr{H}\,\psi_3 = \{-\tfrac{1}{2}\,(\varepsilon_1 - \varepsilon_2) - \tfrac{1}{4}\,h\,J\}\,\psi_3 + \tfrac{1}{2}\,h\,J\,\psi_2$$
$$\mathscr{H}\,\psi_4 = \{-\tfrac{1}{2}\,(\varepsilon_1 + \varepsilon_2) + \tfrac{1}{4}\,h\,J\}\,\psi_4\,.$$

Für die von Null verschiedenen Matrixelemente erhält man mit (V, 25b):

$$(\psi_1\,\mathscr{H}\,\psi_1) = \mathscr{H}_{11} = \tfrac{1}{2}\,(\varepsilon_1 + \varepsilon_2) + \tfrac{1}{4}\,h\,J$$
$$\mathscr{H}_{22} = \tfrac{1}{2}\,(\varepsilon_1 - \varepsilon_2) - \tfrac{1}{4}\,h\,J$$
$$\mathscr{H}_{33} = -\tfrac{1}{2}\,(\varepsilon_1 - \varepsilon_2) - \tfrac{1}{4}\,h\,J \tag{18}$$
$$\mathscr{H}_{44} = -\tfrac{1}{2}\,(\varepsilon_1 + \varepsilon_2) + \tfrac{1}{4}\,h\,J$$
$$\mathscr{H}_{23} = \mathscr{H}_{32} = \tfrac{1}{2}\,h\,J\,.$$

Zur Bestimmung der Eigenwerte von $\mathscr{H}$ ist die Säkulargleichung (V, 14)

$$\left|\,\mathscr{H}_{ln} - \delta_{ln}\,E\,\right| = 0\,,$$

eine vierreihige Determinante, aufzulösen. Da $\mathscr{H}_{23} = \mathscr{H}_{32}$ die einzigen
von Null verschiedenen Nichtdiagonalelemente sind, zerfällt die Deter-
minante in die Faktoren

$$\mathscr{H}_{11} - E,\ \mathscr{H}_{44} - E \ \text{und} \ \begin{vmatrix} \mathscr{H}_{22} - E & \mathscr{H}_{23} \\ \mathscr{H}_{32} & \mathscr{H}_{33} - E \end{vmatrix},$$

die einzeln gleich Null sind. Die vier Wurzeln der Säkulargleichung sind
also

$$E_1 = \mathscr{H}_{11} = \tfrac{1}{2}\,(\varepsilon_1 + \varepsilon_2) + \tfrac{1}{4}\,h\,J$$
$$E_2 = \tfrac{1}{2}\,\sqrt{(\varepsilon_1 - \varepsilon_2)^2 + h^2\,J^2} - \tfrac{1}{4}\,h\,J$$
$$E_3 = -\tfrac{1}{2}\,\sqrt{(\varepsilon_1 - \varepsilon_2)^2 + h^2\,J^2} - \tfrac{1}{4}\,h\,J \tag{19}$$
$$E_4 = \mathscr{H}_{44} = -\tfrac{1}{2}\,(\varepsilon_1 + \varepsilon_2) + \tfrac{1}{4}\,h\,J\,.$$

Zwischen diesen Energieeigenwerten sind vier Übergänge möglich mit den Frequenzen

$$\nu_{12} = \frac{1}{h}\,(E_1 - E_2) = \left\{\frac{1}{2h}\,(\varepsilon_1 + \varepsilon_2) + \tfrac{1}{2}\,J - \tfrac{1}{2}\,\sqrt{h^{-2}\,(\varepsilon_1 - \varepsilon_2)^2 + J^2}\right\}$$

$$\nu_{13} = \frac{1}{h}\,(E_1 - E_3) = \left\{\frac{1}{2h}\,(\varepsilon_1 + \varepsilon_2) + \tfrac{1}{2}\,J + \tfrac{1}{2}\,\sqrt{h^{-2}\,(\varepsilon_1 - \varepsilon_2)^2 + J^2}\right\}$$

$$\nu_{24} = \frac{1}{h}\,(E_2 - E_4) = \left\{\frac{1}{2h}\,(\varepsilon_1 + \varepsilon_2) - \tfrac{1}{2}\,J + \tfrac{1}{2}\,\sqrt{h^{-2}\,(\varepsilon_1 - \varepsilon_2)^2 + J^2}\right\} \qquad (20)$$

$$\nu_{34} = \frac{1}{h}\,(E_3 - E_4) = \left\{\frac{1}{2h}\,(\varepsilon_1 + \varepsilon_2) - \tfrac{1}{2}\,J - \tfrac{1}{2}\,\sqrt{h^{-2}\,(\varepsilon_1 - \varepsilon_2)^2 + J^2}\right\}\ .$$

In Kap. IV, a werden die Intensitäten dieser Übergänge berechnet. Außerdem wird dort bewiesen, daß die Übergänge ν_{14} und γ_{23} verboten sind. Bei gleichen Kernspins $\gamma_1 = \gamma_2 = \gamma$ ergibt die Differenz $1/h\,(\varepsilon_1 - \varepsilon_2)$ wegen

$$\frac{\varepsilon_1 - \varepsilon_2}{h} = \frac{\gamma\,\hbar\,H_0\,(\sigma_2 - \sigma_1)}{h} = \frac{\gamma\,H_0}{2\,\pi}\,\delta = \nu_0\,\delta$$

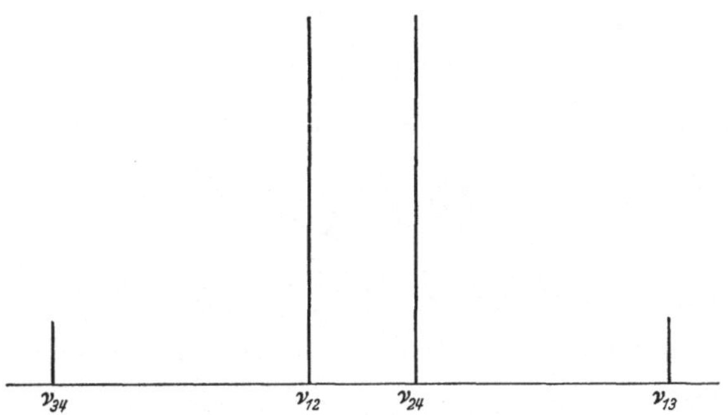

Abb. 8. Frequenzen und Intensitäten für ein 2-Spin-System mit $\nu_0\delta = J$

gerade die chemische Verschiebung in Frequenzeinheiten (sec^{-1}). Wir haben demnach für das Zwei-Spin-System die Aufgabe gelöst, für bekannte δ und J die Frequenzen des Kernresonanzspektrums zu berechnen. Abb. 8 gibt die Frequenzen und Intensitäten für den Fall $\nu_0\,\delta = J$ wieder. Die Intensitäten sind nach Gl. (IV, 27) berechnet.

Die umgekehrte Aufgabe der Analyse eines Spektrums mit unbekannten δ und J ist in dem einfachen Fall zweier Spins sehr leicht. Aus (20) erhält man die Linienabstände

$$\nu_{12} - \nu_{34} = \nu_{13} - \nu_{24} = J$$

und

$$\nu_{13} - \nu_{12} = \nu_{24} - \nu_{34} = \sqrt{h^{-2}\,(\varepsilon_1 - \varepsilon_2)^2 + J^2} = \sqrt{\nu_0^2\,\delta^2 + J^2}\ ,$$

aus denen man die Konstanten J und δ sofort entnehmen kann. Insbesondere erhält man im Fall $\nu_0\delta \gg J$ zwei Dubletts im Abstand $\nu_0\delta$, wobei die Linien in jedem Dublett den Abstand J haben.

3. N Spins

Wie wenden uns jetzt wieder dem allgemeinen Fall eines Systems von N Spins zu. Als Basis zur Bestimmung der Eigenwerte des Hamiltonoperators (13) bzw. (14) wählen wir die Produkte

$$\psi_n = \alpha(1)\,\alpha(2)\,\beta(3)\,\ldots\,\alpha\,(N)\,. \tag{21}$$

Es läßt sich zeigen, daß es 2^N Produkte vom Typ (21) gibt ($n = 1, 2, \ldots, 2^N$); denn es gibt 2^N Möglichkeiten, die Zahlen von 1 bis N auf zwei Plätze α und β zu verteilen. Die ψ_n sind zugleich Eigenzustände all der miteinander vertauschbaren Operatoren $I\,(1)^2$, $I\,(2)^2$, $\ldots$, $I\,(N)^2$; $I_z\,(1)$, $I_z\,(2)$, $\ldots$, $I_z\,(N)$.

Zur Bestimmung der Matrixelemente $\mathscr{H}_{ln} = (\psi_l, \mathscr{H}\,\psi_n)$ führen wir wieder wie im Fall zweier Spins die Abkürzungen

$$\varepsilon_k = \gamma_k\,\hbar\,H_0\,(1 - \sigma_k) \tag{22}$$

und die Operatoren

$$I_\pm(k) = I_x(k) \pm i\,I_y(k)$$

ein. Dann erhält man aus (14) für den Hamiltonoperator

$$\mathscr{H} = \sum_{k=1}^{N} \varepsilon_k\,I_z(k) + \sum\sum_{j<k} h\,J_{jk}\,I_z(j)\,I_z(k)$$

$$+ \tfrac{1}{2}\sum\sum_{j<k} h\,J_{jk}\,\{I_+(j)\,I_-(k) + I_-(j)\,I_+(k)\}\,. \tag{23}$$

Die Matrixelemente lassen sich in allgemeiner Form angeben:
Diagonalelemente:

$$\mathscr{H}_{nn} = (\psi_n, \mathscr{H}\,\psi_n) = \tfrac{1}{2}\sum_{k=1}^{N} \varepsilon_k\,T_k + \tfrac{1}{4}\sum\sum_{j<k} h\,J_{jk}\,T_{jk}\,; \tag{24}$$

$$T_k = \begin{cases} 1,\ \text{wenn}\ \psi_n = \ldots \alpha(k)\ \ldots \\ -\,1,\ \text{wenn}\ \psi_n = \ldots \beta(k)\ \ldots \end{cases}$$

$$T_{jk} = \begin{cases} 1,\ \text{wenn}\ \psi_n = \ldots \alpha(j) \ldots \alpha(k) \ldots \text{oder}\ \psi_n = \ldots \beta(j) \ldots \beta(k) \ldots \\ -\,1,\ \text{wenn}\ \psi_n = \ldots \alpha(j) \ldots \beta(k) \ldots \text{oder}\ \psi_n = \ldots \beta(j) \ldots \alpha\,(k) \end{cases}$$

Nichtdiagonalelemente:

$$\mathscr{H}_{ln} = (\psi_l, \mathscr{H}\,\psi_n) = \tfrac{1}{2}\,U\,h\,J_{jk}\,. \tag{25}$$

Es ist $U = 1$, wenn alle Faktoren in ψ_l mit denen in ψ_n bis auf die Faktoren des j-ten und k-ten Spins übereinstimmen und ψ_l aus ψ_n durch Vertauschen des j-ten und k-ten Spins hervorgeht. In allen anderen Fällen ist $U = 0$.

Ein Beispiel für (24) ist

$$(\alpha(1)\,\beta(2)\,\alpha(3),\mathscr{H}\,\alpha(1)\,\beta(2)\,\alpha(3))$$

$$=\tfrac{1}{2}\,(\varepsilon_1\,T_1 + \varepsilon_2\,T_2 + \varepsilon_3\,T_3) + \frac{h}{4}\,(J_{12}\,T_{12} + J_{13}\,T_{13} + J_{23}\,T_{23})$$

$$=\tfrac{1}{2}\,(\varepsilon_1 - \varepsilon_2 + \varepsilon_3) + \frac{h}{4}\,(- J_{12} + J_{13} - J_{23})\;.$$

Ein Beispiel für (25) ist

$$(\alpha(1)\,\beta(2)\,\beta(3),\mathscr{H}\,\beta(1)\,\alpha(2)\,\beta(3)) = \frac{h}{2}\,J_{12}\;.$$

Zur Bestimmung der Eigenwerte von $\mathscr{H}$ ist wieder die Säkulargleichung

$$\left|\,\mathscr{H}_{ln} - \delta_{ln}\,E\,\right| = 0$$

aufzulösen. Dies ist jetzt eine Gleichung vom Grade 2^N.

4. Vereinfachung der Säkulargleichung

Es lassen sich zwar Säkulargleichungen bis zum Grade 50 schon mit relativ kleinen Elektronenrechnern bequem lösen, aber schon bei einem System von nur sechs Spins ist die Säkulargleichung vom Grade 64. Daher sollen im folgenden einige Verfahren beschrieben werden, nach denen man die Säkulardeterminante in Faktoren von Determinanten niedrigeren Grades aufspalten kann, die einzeln gleich Null sind.

$\alpha)$ *Vertauschbarkeit von $\mathscr{H}$ mit F_z*

Die Produkte (21) ψ_n sind Eigenzustände des Operators

$$F_z = I_z(1) + I_z(2) + \ldots + I_z(N)\;, \tag{26}$$

d. h., es ist

$$F_z\,\psi_{nm} = m\,\psi_{nm}$$

mit dem Eigenwert m von F_z zum Zustand ψ_{nm}. Die Zustände ψ_n werden mit einem weiteren Index m versehen (ψ_{nm}), wenn es wesentlich ist, zu welchem Eigenwert von F_z sie gehören. [Zum Beispiel erhält man nach (16) für das Zwei-Spin-System

$$F_z\,\psi_{11} = \{I_z(1) + I_z(2)\}\,\alpha(1)\,\alpha(2) = (\tfrac{1}{2} + \tfrac{1}{2})\,\psi_{11}\;,$$

d. h., es ist $m = 1$.]

Aus (23) und (26) folgt mit Hilfe der Vertauschungsrelationen (V, 16, a) die Vertauschbarkeit von $\mathscr{H}$ und F_z. Daher sind auf Grund des Nichtkombinationssatzes* alle Matrixelemente

---

* Es seien A und B zwei selbstadjungierte vertauschbare Operatoren und es seien ψ_n die Eigenzustände von B, für die also die Eigenwertgleichung $B\,\psi_n = b_n\,\psi_n$ gilt. Dann ist $(\psi_l,\,A\,B\,\psi_n) = b_n\,(\psi_l,\,A\,\psi_n)$ und, da B mit A vertauschbar und selbstadjungiert ist, $(\psi_l,\,A\,B\,\psi_n) = (\psi_l,\,B\,A\,\psi_n) = (B\,\psi_l,\,A\,\psi_n) = b_l\,(\psi_l,\,A\,\psi_n)$. Daraus folgt $(b_n - b_l)\,(\psi_l,\,A\,\psi_n) = 0$ und somit $(\psi_l,\,A\,\psi_n) = 0$ für $b_n \neq b_l$. Das heißt zwei Eigenzustände ψ_l und ψ_n zu verschiedenen Eigenwerten des mit A vertauschbaren Operators B „kombinieren" in bezug auf A nicht miteinander.

$$\mathcal{H}_{ln} = (\psi_l, \mathcal{H}\,\psi_n) = 0 \,,$$

wenn ψ_l und ψ_n zu verschiedenen Eigenwerten von F_z gehören. Dadurch zerfällt die Matrix $(\mathcal{H}_{ln})$ in Kästchen, die zu je einem Eigenwert von F_z gehören. In Tab. 2 ist das Beispiel $N = 3$ näher ausgeführt. In Spalte 1 steht der Laufindex n, in Spalte 2 stehen die Eigenwerte von F_z, in Spalte 3 die acht Spinzustände (21) zu $N = 3$ und in Spalte 4 die Matrixelemente der Matrix $(\mathcal{H}_{ln})$ mit $l = 1, 2, \ldots, 8$.

Tabelle 2

n	m	ψ_{nm}			$\mathcal{H}_{ln}$							
1	$\frac{3}{2}$	α	α	α	$\mathcal{H}_{11}$	0	0	0	0	0	0	0
2	$\frac{1}{2}$	α	α	β	0	$\mathcal{H}_{22}$	$\mathcal{H}_{23}$	$\mathcal{H}_{24}$	0	0	0	0
3	$\frac{1}{2}$	α	β	α	0	$\mathcal{H}_{32}$	$\mathcal{H}_{33}$	$\mathcal{H}_{34}$	0	0	0	0
4	$\frac{1}{2}$	β	α	α	0	$\mathcal{H}_{42}$	$\mathcal{H}_{43}$	$\mathcal{H}_{44}$	0	0	0	0
5	$-\frac{1}{2}$	α	β	β	0	0	0	0	$\mathcal{H}_{55}$	$\mathcal{H}_{56}$	$\mathcal{H}_{57}$	0
6	$-\frac{1}{2}$	β	α	β	0	0	0	0	$\mathcal{H}_{65}$	$\mathcal{H}_{66}$	$\mathcal{H}_{67}$	0
7	$-\frac{1}{2}$	β	β	α	0	0	0	0	$\mathcal{H}_{75}$	$\mathcal{H}_{76}$	$\mathcal{H}_{77}$	0
8	$-\frac{3}{2}$	β	β	β	0	0	0	0	0	0	0	$\mathcal{H}_{88}$

In einem System von N Spins ist $m = N/2$ der höchste Eigenwert von F_z. Die weiteren Eigenwerte sind $N/2 - 1$, $N/2 - 2$, $\ldots$, $- N/2$. Insgesamt gibt es also $N + 1$ verschiedene Eigenwerte von F_z. Die Matrix $(\mathcal{H}_{ln})$ zerfällt daher in $N + 1$ Kästchen. Ebenso zerfällt die Säkulardeterminante $|\,\mathcal{H}_{ln} - \delta_{ln} E\,|$ in $N + 1$ Faktoren, die einzeln gleich Null sind.

β) Molekülsymmetrie

Oft läßt sich durch Ausnutzung der Symmetrie des Moleküls die Säkulardeterminante in weitere Faktoren aufspalten. Bildet man aus den Eigenzuständen ψ_n zu einem bestimmten Eigenwert von F_z Linearkombinationen

$$\varphi_q = \sum_n c_{qn}\,\psi_n \,, \tag{27}$$

so läßt sich die Matrix von $\mathcal{H}$ auch mit den φ_q als Basis bilden. Erreicht man durch eine passende Wahl der c_{qn}, daß die φ_q der Symmetrie des Moleküls angepaßt sind, so werden verschiedene Matrixelemente von $\mathcal{H}$ zur neuen Basis gleich Null. Allgemein gilt der Satz:

$$(\varphi_p, \mathcal{H}\,\varphi_q) = 0 \,, \tag{28}$$

wenn φ_p und φ_q zu verschiedenen irreduziblen Darstellungen der Symmetriegruppe des Moleküls gehören. Die Darstellungstheorie der Symmetriegruppen liefert ein mathematisches Verfahren, die c_{qn} so zu bestimmen, daß die φ_q der Symmetrie des Moleküls angepaßt sind und

die Matrix von $\mathscr{H}$ in einzelne Kästchen zerfällt. Ähnlich wie in Tab. 2
jedes Kästchen der Matrix zu einem bestimmten Eigenwert von F_z
gehört, ordnet man in der Gruppentheorie die Kästchen, in welche die
Matrix von $\mathscr{H}$ zerfällt, nach „irreduziblen Darstellungen der Symmetriegruppe des Moleküls". Was darunter zu verstehen ist, kann hier nicht
im einzelnen erläutert werden[3]. Ein einfaches Beispiel soll vielmehr den
Sachverhalt etwas veranschaulichen:

Spiegelt man das Wasserstoffmolekül H_2 an der Ebene, welche die
Verbindungslinie der beiden H-Atome halbiert und senkrecht auf
ihr steht, so geht das Molekül abgesehen von der Vertauschung der
beiden Atomkerne wieder in sich über. Man sagt: die Spiegelung S ist
eine Symmetrieoperation des Moleküls. Im Falle $N = 2$ des H_2-Moleküls
sind $\psi_2 = \alpha(1)\,\beta(2)$ und $\psi_3 = \beta(1)\,\alpha(2)$ Eigenzustände von F_z zum Eigenwert Null. Es ist

$$S\,\psi_2 = S\,\alpha(1)\,\beta(2) = \alpha(2)\,\beta(1) = \beta(1)\,\alpha(2) = \psi_3\,,$$

da durch S die Kerne 1 und 2 vertauscht werden. Analog ist

$$S\,\psi_3 = \psi_2\,.$$

Bildet man aus ψ_2 und ψ_3 die Linearkombinationen

$$\varphi_2 = \psi_2 + \psi_3$$

und

$$\varphi_3 = \psi_2 - \psi_3\,,$$

so ist

$$S\,\varphi_2 = S\,\psi_2 + S\,\psi_3 = \psi_3 + \psi_2 = \varphi_2$$

und

$$S\,\varphi_3 = S\,\psi_2 - S\,\psi_3 = \psi_3 - \psi_2 = -\,\varphi_3\,.$$

Faßt man S als Operator auf, so gehört φ_2 zum Eigenwert $+1$ und φ_3
zum Eigenwert -1 von S. In der Gruppentheorie sagt man: φ_2 gehört
zur symmetrischen Darstellung s_0 und φ_3 zur antisymmetrischen Darstellung a_0 der Spiegelungsgruppe. Nach (28) sind demnach die Matrixelemente $(\varphi_2, \mathscr{H}\,\varphi_3) = (\varphi_3, \mathscr{H}\,\varphi_2) = 0$.

γ) *Isochrone und äquivalente Spins*

Der Hamiltonoperator (23) und damit das Kernresonanzspektrum
eines Moleküls wird einfacher, wenn einige der Konstanten σ_k und J_{jk}
gleich sind. Ist die Abschirmkonstante σ bei mehreren Spins im Molekül
gleich, so bezeichnet man diese Spins als *isochron*. Haben darüber hinaus
alle anderen Spins des Moleküls die gleiche Spin-Kopplungskonstante
mit jedem Mitglied einer Gruppe isochroner Spins, so nennt man die

---

[3] Siehe z. B. HEINE, V.: Group Theory in Quantum Mechanics, Pergamon Press:
London 1960.

Spins dieser Gruppe *äquivalent**. Ein Beispiel für isochrone aber nicht äquivalente Spins sind die beiden H-Atome (bzw. die beiden F-Atome) des Moleküls

$$\begin{array}{ccc} (1)\ \mathrm{H} & & \mathrm{F}\ (3) \\ & \mathrm{C} = \mathrm{C} & \\ (2)\ \mathrm{H} & & \mathrm{F}\ (4) \end{array},$$

in dem die Kopplungskonstanten J_{13} und J_{14} zwischen H und F verschieden sind. Dagegen sind die beiden H-Atome in

$$\begin{array}{ccc} (1)\ \mathrm{H} & & \mathrm{F}\ (3) \\ & \mathrm{C} & \\ (2)\ \mathrm{H} & & \mathrm{F}\ (4) \end{array}$$

äquivalent, da $J_{13} = J_{14} = J_{23} = J_{24}$ ist.

Die Spin-Kopplungskonstanten zwischen äquivalenten Spins haben keinen Einfluß auf das Kernresonanzspektrum. Daher kann im Hamiltonoperator (13) die Teilsumme

$$\sum_{j<k}^{p-1}\sum^{p} h\, J_{jk}\, (\vec{I}(j),\, \vec{I}(k))\,, \tag{29}$$

in der j und k über p äquivalente Spins laufen, gestrichen werden. (Auf den Beweis[4] dieses wichtigen Satzes verzichten wir hier.) Die Spin-Kopplungskonstanten innerhalb einer Gruppe äquivalenter Spins können jedoch auf dem Umweg über Isotopensubstitutionen gemessen werden.

Zur Charakterisierung äquivalenter Gruppen hat sich die folgende Symbolik als zweckmäßig erwiesen: Man unterscheidet inäquivalente Spins durch verschiedene Buchstaben A, B, ... oder X, Y, ... Dabei vereinbart man noch, daß die Spins A, B, ... zur gleichen Kernsorte gehören und die chemische Verschiebung $\nu_0\, \delta_{AB}$ von der gleichen Größenordnung ist wie die Spin-Kopplungskonstante J_{AB} zwischen den Spins A und B, während die Spins X, Y, ... zu einer anderen Kernsorte gehören oder aber die chemische Verschiebung zwischen den Spins A, B, ... und X, Y, ... sehr groß ist. Das Symbol A_3B_2X bedeutet demnach, daß im Molekül drei äquivalente Spins A und zwei äquivalente Spins B vorliegen. Der Spin X gehört entweder zu einer anderen Kernsorte oder die chemischen Verschiebungen gegenüber den Spins A und B sind sehr groß, verglichen mit den entsprechenden Spin-Kopplungskonstanten. Zum Beispiel ist das Molekül CH_3CH_2F vom Typ A_3B_2X, da Kohlenstoff den Kernspin Null hat.

δ) *Verschiedene Kernsorten*

Wenn im Molekül verschiedene Kernsorten A, X, W, ... vorliegen (oder wenn die chemische Verschiebung zwischen einigen Spins der gleichen Sorte sehr groß ist), schreibt man $\mathbf{F}_z$ in der Form:

---

* Einige Autoren bezeichnen auch isochrone Spins als äquivalent.

[4] Siehe Literaturverzeichnis (S. 134) Ref. 8

$$F_z = F_z(A) + F_z(X) + F_z(W) + \ldots$$

$F_z(A)$ ist die Summe der Operatoren $I_z(A^{(1)})$, $I_z(A^{(2)})$, $\ldots$ der Kernsorte A. Gibt es im Molekül N_A Kerne der Sorte A, so gibt es $N_A + 1$ verschiedene Eigenwerte von $F_z(A)$ und es ist in guter Näherung

$$\mathscr{H}_{ln} = (\psi_l, \mathscr{H} \, \psi_n) = 0 \,, \tag{30}$$

wenn ψ_l und ψ_n zu verschiedenen Eigenwerten von $F_z(A)$ gehören. Entsprechendes gilt für $F_z(X)$ und $F_z(W)$ usw.

Wir betrachten dazu noch einmal das Beispiel $N = 3$. Das Molekül sei vom Typ ABX, wofür wir $A^{(1)}A^{(2)}X$ schreiben wollen. Dann ist

$$F_z = F_z(A) + F_z(X)$$

mit $\qquad F_z(A) = I_z(A^{(1)}) + I_z(A^{(2)})$ und $F_z(X) = I_z(X)$.

Nach Tab. 2 ist

$$\psi_2 = \alpha(A^{(1)}) \, \alpha(A^{(2)}) \, \beta(X)$$
$$\psi_3 = \alpha(A^{(1)}) \, \beta(A^{(2)}) \, \alpha(X)$$
$$\psi_4 = \beta(A^{(1)}) \, \alpha(A^{(2)}) \, \alpha(X)$$

und somit

$$F_z(X) \, \psi_2 = - \tfrac{1}{2} \, \psi_2$$
$$F_z(X) \, \psi_3 = \tfrac{1}{2} \, \psi_3$$
$$F_z(X) \, \psi_4 = \tfrac{1}{2} \, \psi_4$$

Nach (30) ist also näherungsweise $\mathscr{H}_{23} = (\psi_2, \mathscr{H} \, \psi_3) = 0$, da ψ_2 und ψ_3 zu verschiedenen Eigenwerten von $F_z(X)$ gehören. Ebenso ist in Näherung $\mathscr{H}_{32} = \mathscr{H}_{24} = \mathscr{H}_{42} = 0$. Um die Aussage von (30) zu begründen, berechnen wir aus (24) und (25) die mit ψ_2, ψ_3 und ψ_4 gebildeten Matrixelemente von $\mathscr{H}$. Es ergibt sich

$$\mathscr{H}_{22} = \tfrac{1}{2} \left(\varepsilon_{A^{(1)}} + \varepsilon_{A^{(2)}} - \varepsilon_X \right) + \frac{h}{4} \left(J_{A^{(1)}A^{(2)}} - J_{A^{(1)}X} - J_{A^{(2)}X} \right)$$

$$\mathscr{H}_{33} = \tfrac{1}{2} \left(\varepsilon_{A^{(1)}} - \varepsilon_{A^{(2)}} + \varepsilon_X \right) + \frac{h}{4} \left(- J_{A^{(1)}A^{(2)}} + J_{A^{(1)}X} - J_{A^{(2)}X} \right)$$

$$\mathscr{H}_{44} = \tfrac{1}{2} \left(- \varepsilon_{A^{(1)}} + \varepsilon_{A^{(2)}} + \varepsilon_X \right) + \frac{h}{4} \left(- J_{A^{(1)}A^{(2)}} - J_{A^{(1)}X} + J_{A^{(2)}X} \right)$$

$$\mathscr{H}_{23} = \mathscr{H}_{32} = \frac{h}{2} \, J_{A^{(2)}X}$$

$$\mathscr{H}_{24} = \mathscr{H}_{42} = \frac{h}{2} \, J_{A^{(1)}X}$$

$$\mathscr{H}_{34} = \mathscr{H}_{43} = \frac{h}{2} \, J_{A^{(1)}A^{(2)}} \,.$$

Während die Differenz

$$(\mathscr{H}_{33} - \mathscr{H}_{44}) = (\varepsilon_{A^{(1)}} - \varepsilon_{A^{(2)}}) + \frac{h}{2} \left(J_{A^{(1)}X} - J_{A^{(2)}X} \right)$$

von der Größenordnung der Nichtdiagonalelemente ist, sind die Differenzen

$$(\mathscr{H}_{22} - \mathscr{H}_{33}) = (\varepsilon_{A^{(2)}} - \varepsilon_X) + \frac{h}{2}\,(J_{A^{(1)}A^{(2)}} - J_{A^{(1)}X})$$

$$(\mathscr{H}_{22} - \mathscr{H}_{44}) = (\varepsilon_{A^{(1)}} - \varepsilon_X) + \frac{h}{2}\,(J_{A^{(1)}A^{(2)}} - J_{A^{(2)}X})$$

etwa gleich dem Abstand zwischen den mit h multiplizierten Kernresonanzfrequenzen und damit sehr groß verglichen mit den Nichtdiagonalelementen. Daher kann man bei der Berechnung der Eigenwerte für die Untermatrix (n, $1 = 2, 3, 4$) in Tab. 2 näherungsweise schreiben:

$$\begin{pmatrix} \mathscr{H}_{22} & \mathscr{H}_{23} & \mathscr{H}_{24} \\ \mathscr{H}_{32} & \mathscr{H}_{33} & \mathscr{H}_{34} \\ \mathscr{H}_{42} & \mathscr{H}_{43} & \mathscr{H}_{44} \end{pmatrix} = \left(\begin{array}{c|cc} \mathscr{H}_{22} & 0 & 0 \\ \hline 0 & \mathscr{H}_{33} & \mathscr{H}_{34} \\ 0 & \mathscr{H}_{43} & \mathscr{H}_{44} \end{array} \right)$$

Dies ist die Aussage der Gl. (30).

5. Linienaufspaltung nach der ersten Näherung der Störungsrechnung

Ein Spinsystem bestehe aus zwei Gruppen äquivalenter Spins. Die eine Gruppe enthalte N_A Kerne einer Sorte A, die andere N_X Kerne einer Sorte X. Es liegt also ein Molekül vom Typ $A_{N_A} X_{N_X}$ vor, in dessen Kernresonanzspektrum nur eine Spin-Kopplungskonstante J_{AX} auftritt, die klein ist, verglichen mit der chemischen Verschiebung $\nu_0\,\delta_{AX}$ zwischen den beiden Spingruppen. Wir betrachten daher die Kopplung der Spins als klein im Sinne der Störungsrechnung und schreiben für den Hamiltonoperator (14)

$$\mathscr{H} = \mathscr{H}_0 + \mathscr{H}_1$$

$$\mathscr{H}_0 = \sum_{k=1}^{N} \gamma_k\,\hbar\,H_0\,(1 - \sigma_k)\,I_z(k)$$

$$\mathscr{H}_1 = \sum_{j<k}^{N-1}\sum^{N} h\,J_{jk}\,(\vec{I}(j),\,\vec{I}(k))\,.$$

Mit den Abkürzungen (22) und (26) ist

$$\mathscr{H}_0 = \varepsilon_A \sum_{k=1}^{N_A} I_z(k) + \varepsilon_X \sum_{k=1}^{N_X} I_z(k) = \varepsilon_A\,F_z(A) + \varepsilon_X\,F_z(X)\,. \tag{31}$$

Da die Spin-Kopplungskonstanten innerhalb der Gruppen äquivalenter Spins keinen Einfluß auf das Kernresonanzspektrum haben, kann man die Summen (29) über diese Gruppen in $\mathscr{H}_1$ weglassen. Man erhält so

$$\mathscr{H}_1 = h\,J_{AX} \sum_{j=1}^{N_A}\sum_{k=1}^{N_X} (\vec{I}(j),\,\vec{I}(k)) = h\,J_{AX} \left(\sum_{j=1}^{N_A} \vec{I}(j),\ \sum_{k=1}^{N_X} \vec{I}(k) \right)$$

$$= h\,J_{AX}\,(\vec{F}(A),\,\vec{F}(X))\,. \tag{32}$$

$\vec{F}(A)$ ist der Operator des Gesamtspinvektors aller Kerne der Sorte A.

Die Produktfunktionen (21) ψ_n sind nach (31) Eigenzustände von $\mathcal{H}_0$ zu den Eigenwerten

$$E^{(0)}_{m_A, m_X} = m_A \, \varepsilon_A + m_X \, \varepsilon_X$$

und können durch $\psi_{n m_A m_X}$ gekennzeichnet werden. Die Eigenwerte m_A von $\mathbf{F}_z(A)$ durchlaufen die $N_A + 1$ Zahlen $\frac{1}{2} N_A$, $\frac{1}{2} N_A - 1$, $\frac{1}{2} N_A - 2$, $\ldots$, $- \frac{1}{2} N_A$. Entsprechendes gilt für m_X. Zu jedem Paar m_A, m_X gehören im allgemeinen mehrere Zustände $\psi_{n m_A m_X}$. Diese Entartung wird jedoch durch die Störung $\mathcal{H}_1$ nicht aufgehoben. Die Störungsenergie 1. Ordnung ist daher nach Gleichung (V, 29) des Anhangs für jeden der Zustände $\psi_{n m_A m_X}$ mit beliebigem n durch

$$E^{(1)}_{m_A, m_X} = (\psi_{n m_A m_X}, \mathcal{H}_1 \, \psi_{n m_A m_X}) = m_A \, m_X \, h \, J_{AX}$$

gegeben, so daß man für die Eigenwerte von $\mathcal{H}$ in erster Näherung

$$E_{m_A, m_X} = m_A \, \varepsilon_A + m_X \, \varepsilon_X + m_A \, m_X \, h \, J_{AX} \tag{33}$$

erhält. Dies sind $(N_A + 1)(N_X + 1)$ Energiezustände. Für Übergänge zwischen diesen Zuständen gilt die Auswahlregel $\Delta m = \Delta (m_A + m_X) = \pm 1$, die noch verschärft werden kann zu $\Delta m_A = \pm 1$ bzw. $\Delta m_X = \pm 1$ (siehe auch Kap. IV a). Zu jedem m_X gibt es daher einen „A-Übergang" $m_A \longleftrightarrow m_A - 1$ mit der Frequenz

$$\frac{1}{h} (E_{m_A, m_X} - E_{m_A - 1, m_X}) = \frac{1}{h} \, \varepsilon_A + m_X \, J_{AX} \,. \tag{34}$$

Dies sind $N_X + 1$ Frequenzen im Abstand J_{AX}. Entsprechend gibt es $N_A + 1$ X-Übergänge $m_X \longleftrightarrow m_X - 1$, deren Frequenzen ebenso den Abstand J_{AX} haben.

Der Frequenzabstand zwischen den Schwerpunkten der A- und X-Multipletts ist, wenn ε_A und ε_X nach (22) wieder ausgeschrieben werden,

$$\frac{1}{h} (\varepsilon_A - \varepsilon_X) = \frac{H_0}{2 \pi} \{ \gamma_A (1 - \sigma_A) - \gamma_X (1 - \sigma_X) \} = \nu_A - \nu_X \,.$$

Ist $\gamma_A = \gamma_X = \gamma$, so erhält man

$$\frac{1}{h} (\varepsilon_A - \varepsilon_X) = \frac{\gamma H_0}{2 \pi} (\sigma_X - \sigma_A) = \nu_0 \, \delta_{AX} \,.$$

Zur Veranschaulichung sind in Abb. 9 die Frequenzen für ein Molekül vom Typ $A_2 X_3$ aufgezeichnet. Es gibt vier A-Übergänge zu den Werten $\frac{3}{2}$, $\frac{1}{2}$, $- \frac{1}{2}$ und $- \frac{3}{2}$ von m_X und drei X-Übergänge zu den Werten 1, 0 und $- 1$ von m_A.

Für die eben betrachteten einfachen Spinsysteme kann man die relativen Linienintensitäten berechnen, ohne explizit auf den Absorptionsvorgang einzugehen, wenn man nur annimmt, daß die Übergangswahrscheinlichkeiten für alle Spins gleich groß sind. So steht zunächst

3*

die Gesamtintensität der A-Übergänge zu derjenigen der X-Übergänge im Verhältnis $N_A:N_X$. Innerhalb des Multipletts der A-Übergänge ist die Intensität einer Linie zu einem bestimmten m_X proportional zur Anzahl der Möglichkeiten, die z-Komponenten $+\frac{1}{2}$ oder $-\frac{1}{2}$ der N_X einzelnen Spins so anzuordnen, daß ihre Summe m_X ergibt. Es verhalten sich also die Intensitäten der A-Übergänge wie die Binomialkoeffizienten

$$\binom{N_X}{k} = \frac{N_X!}{k!\,(N_X - k)!}$$

mit $k = 0, 1, 2, \ldots, N_X$. In Abb. 9 stehen zum Beispiel die Intensitäten der vier A-Übergänge im Verhältnis

$$\binom{3}{0} : \binom{3}{1} : \binom{3}{2} : \binom{3}{3} = 1:3:3:1\,.$$

Entsprechend stehen die Intensitäten der drei X-Übergänge im Verhältnis $1:2:1$.

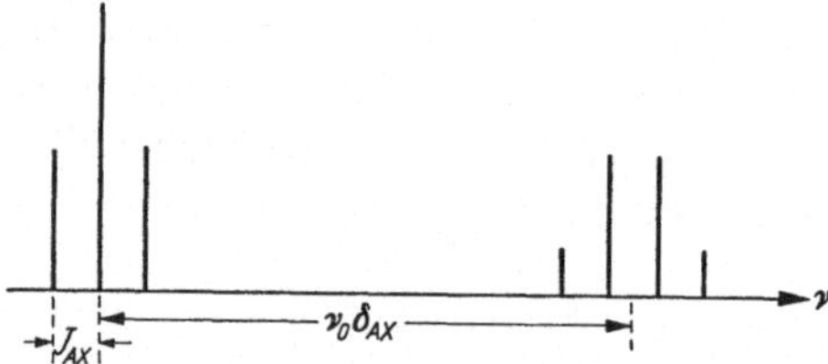

Abb. 9. Frequenzen und Intensitäten für ein A_2X_3-System in der ersten Näherung der Störungsrechnung

Die Störungsrechnung 1. Ordnung läßt sich leicht auf die Behandlung des Kernspins $I > \frac{1}{2}$ ausdehnen. Haben etwa N_X äquivalente Spins der Sorte X den Kernspin $I^{(X)}$, so erhält man in (34) für die Eigenwerte m_X von $\boldsymbol{F}_z(X)$ die Zahlen $N_X I^{(X)}$, $N_X I^{(X)} - 1$, $\ldots$, $- N_X I^{(X)}$. Dies ergibt $2\,N_X I^{(X)} + 1$ A-Übergänge. Innerhalb dieses Multipletts der A-Übergänge ist die Intensität einer Linie zu einem bestimmten m_X proportional zur Anzahl der Möglichkeiten, die Eigenwerte M_X von $\boldsymbol{I}_z^{(X)}$ der N_X einzelnen Spins so anzuordnen, daß ihre Summe m_X ergibt.

Ist zum Beispiel im Spinsystem A_2X_3 der Kernspin $I^{(X)} = 1$, so gibt es $2\cdot3\cdot1 + 1 = 7$ A-Übergänge. In Tab. 3 stehen die Kombinationen der Eigenwerte M_X von $\boldsymbol{I}_z^{(X)}$ zu den Eigenwerten m_X von $\boldsymbol{F}_z(X)$. Die Intensitäten verhalten sich demnach wie $1:3:6:7:6:3:1$.

Auch die Behandlung von Spinsystemen mit mehr als zwei Gruppen äquivalenter Spins bringt keine prinzipiellen Schwierigkeiten. An Stelle von Gleichung (34) steht für die Frequenzen der A-Übergänge einer herausgegriffenen Spingruppe A

$$\frac{1}{h}\left(E_{m_A} - E_{m_A-1}\right) = \frac{1}{h}\,\varepsilon_A + \sum_R m_R\,J_{AR}\,. \tag{35}$$

Die Summe läuft über alle Gruppen äquivalenter Spins. Der Begriff der Äquivalenz von Spins wird dazu gegenüber der Definition in Kap. III, b, 4, γ etwas erweitert: Sind alle Spin-Kopplungskonstanten zwischen je

Tabelle 3

m_X	$(M_X(1), M_X(2), M_X(3))$	rel. Intensität
3	$(1, 1, 1)$	1
2	$(1, 1, 0)\ (1, 0, 1)\ (0, 1, 1)$	3
1	$(1, 0, 0)\ (0, 1, 0)\ (0, 0, 1)\ (1, 1, -1)\ (1, -1, 1)\ (-1, 1, 1)$	6
0	$(1, 0, -1)\ (1, -1, 0)\ (0, 1, -1)\ (0, 0, 0)$ $(0, -1, 1)\ (-1, 1, 0)\ (-1, 0, 1)$	7
-1	$(-1, 0, 0)\ (0, -1, 0)\ (0, 0, -1)\ (-1, 1, -1)\ (-1, -1, 1)\ (1, -1, -1)$	6
-2	$(-1, -1, 0)\ (-1, 0, -1)\ (0, -1, -1)$	3
-3	$(-1, -1, -1)$	1

zwei Gruppen isochroner Spins gleich, so nennt man diese Gruppen äquivalent. In diesem Sinne ist in (35) J_{AR} die Spin-Kopplungskonstante zwischen der A-ten und R-ten Gruppe äquivalenter Spins.

6. Analyse komplizierterer Spektren

In den vorhergehenden Abschnitten ist gezeigt worden, wie man allgemein die Frequenzen des Kernresonanzspektrums einer Verbindung berechnet. Dabei war vorausgesetzt, daß der Strukturtyp $A_m B_n \ldots X_r Y_s \ldots$ des Moleküls und die Parameter σ_k und J_{jk} bekannt sind. Nur in den einfachen Fällen des AB-Spektrums (Kap. III, b, 2) und der $A_m X_n$-Spektren (Kap. III, b, 5) war der umgekehrte Weg der Analyse des Spektrums einer unbekannten Verbindung sofort zu sehen. Bei komplizierteren Spektren kann man die chemischen Verschiebungen δ_k und die Spin-Kopplungskonstanten J_{jk} im allgemeinen nicht unmittelbar aus dem Spektrum ablesen. Es sind jedoch Verfahren entwickelt worden, die auch bei komplizierteren Spektren eine Bestimmung der Konstanten δ_k und J_{jk} gestatten. Eine ausführliche Beschreibung dieser Verfahren würde den Rahmen einer Einführung sprengen. In dem folgenden Überblick wird daher in mehr referierender Weise über die Analyse komplizierterer Spektren berichtet und im übrigen auf die Literatur[5] verwiesen.

Die meisten in der organischen Chemie vermessenen Spektren sind vom Typ $A_m X_n$ (bzw. $A_m X_n W_p \ldots$). Ist die Bedingung $\nu_0\, \delta_{AX} \gg J_{AX}$ nicht mehr so gut erfüllt, daß eine Analyse mit der 1. Näherung der Störungsrechnung (Kap. III, b, 5) möglich ist, so führt die 2. oder 3. Näherung oft zum gewünschten Ergebnis. Ist bei einem aus mehreren

---

[5] Siehe Literaturverzeichnis (S. 134), Ref. 5 und 8.

weit auseinander liegenden Liniengruppen bestehenden Spektrum in einer dieser Gruppen ein einfacher Strukturtyp zu erkennen, so kann man wenigstens für einen Teil des unbekannten Moleküls auf einfache Weise eine Information über die Struktur erhalten.

In schwierigeren Fällen führt die Methode der Spektralmomente[5] manchmal zum Ziel. Man berechnet für die einzelnen Liniengruppen aus den gemessenen Frequenzen und Intensitäten gewisse algebraische Ausdrücke, die Spektralmomente, und erhält aus Gleichungen zwischen diesen Momenten die gesuchten Konstanten δ_k und J_{jk}.

Für Spinsysteme mit nur wenigen Spins sind mit Hilfe von elektronischen Rechenmaschinen die Frequenzen und Intensitäten der Spektren in Abhängigkeit von den Parametern δ_k und J_{jk} berechnet worden, indem die δ_k und J_{jk} in gewissen Intervallen variiert wurden[6]. Gelingt es, ein experimentell gemessenes Spektrum einem dieser theoretisch berechneten Spektren zuzuordnen, so lassen sich die chemischen Verschiebungen und die Spin-Kopplungskonstanten durch Vergleich mit dem theoretischen Spektrum bestimmen.

Bei einem Iterationsverfahren, das von SWALEN und REILLY[7] am Beispiel der Strukturtypen $A\ B\ C$ und $A\ B\ C_3$ diskutiert wurde, versucht man, dem gemessenen Spektrum ein Termsystem E_1, E_2, E_3, ... zuzuordnen. Gelingt dies, so konstruiert man aus willkürlich angenommenen $\delta_k^{(0)}$ und $J_{jk}^{(0)}$ einen Hamiltonoperator $\mathscr{H}^{(0)}$ und berechnet seine Eigenwerte. Diese Eigenwerte ersetzt man durch die experimentellen Eigenwerte E_1, E_2, E_3, ... und konstruiert durch Umkehrung des Rechenvorgangs einen neuen Hamiltonoperator $\mathscr{H}^{(1)}$ mit den Werten $\delta_k^{(1)}$ und $J_{jk}^{(1)}$ für die chemischen Verschiebungen und Spin-Kopplungskonstanten. Daraufhin bestimmt man die Eigenwerte von $\mathscr{H}^{(1)}$, ersetzt sie wieder durch die experimentellen Eigenwerte und konstruiert einen Hamiltonoperator $\mathscr{H}^{(2)}$. Auf diese Weise erhält man durch Iteration immer bessere Werte für δ_k und J_{jk}.

CASTELLANO und BOTHNER-BY[8] haben die Methode der kleinsten Quadrate verwandt, um auf numerischem Wege ein experimentelles Spektrum an ein mit geschätzten Parametern berechnetes Spektrum anzupassen.

Auf experimentellem Wege läßt sich die Analyse komplizierterer Spektren durch die Methoden der magnetischen Kern-Doppelresonanz[5,9,10] erleichtern. Dabei wird neben dem schwachen HF-Feld $\vec{H}_1$, das zur

[6] WIBERG, K. B., and B. J. NIST: Interpretation of NMR Spectra. New York: Benjamin 1962.

[7] SWALLEN, J. D., C. A. REILLY: J. chem. Phys. **37**, 21 (1962).

[8] CASTELLANO, S., and A. A. BOTHNER-BY: J. chem. Phys. **41**, 3863 (1964).

[9] ANDERSON, W. A., and R. FREEMAN: J. chem. Phys. **37**, 85 (1962).

[10] BALDESCHWIELER, J. D., and E. W. RANDALL: Chem. Rev. **63**, 81 (1963).

Registrierung des Spektrums dient (Kap. IV, a) noch ein starkes HF-Feld $\vec{H}_2$ in die Probe eingestrahlt, dessen Frequenz so gewählt wird, daß einige Spin-Kopplungskonstanten keinen Einfluß mehr auf das Spektrum haben[5]. Das Kernresonanzspektrum sieht dann so aus, als ob diese Spin-Kopplungskonstanten gleich Null wären.

Die Zuordnung der Resonanzlinien zu dem oben erwähnten Termsystem E_1, E_2, E_3, ... läßt sich erleichtern, wenn man in die Probe neben dem schwachen HF-Feld $\vec{H}_1$ mit der Frequenz $\nu_1 = (1/h)\,(E_R - E_S)$ noch ein zweites nun aber schwaches Magnetfeld $\vec{H}_2$ mit der Frequenz $\nu_2 = 1/h\,(E_P - E_Q)$ einstrahlt. Es läßt sich zeigen[11], daß die Resonanzlinie ν_1 immer dann in ein Dublett aufspaltet, wenn einer der Terme E_R, E_S mit einem der Terme E_P, E_Q übereinstimmt.

c) Quantenmechanische Behandlung der Kopplungsparameter σ und J
1. Chemische Verschiebung

Bis jetzt haben wir die Abschirmkonstanten σ_k (bzw. die chemischen Verschiebungen $\delta_k = \sigma_k - \sigma_{\text{ref}}$) und die Spin-Kopplungskonstanten J_{jk} als empirisch zu bestimmende Parameter betrachtet, die die Struktur eines Kernresonanzspektrums bestimmen. Um den Zusammenhang dieser Parameter mit der Elektronenstruktur der Moleküle zu verstehen, betrachten wir noch einmal das klassische Modell (Kap. II, c). In diesem Modell bewegen sich n Elektronen im elektrischen Feld der N ruhenden Kerne und in einem Magnetfeld, das sich aus dem von außen angelegten Feld $\vec{H}_0$ und dem Feld der magnetischen Kernmomente (7a) $\gamma_k\,\hbar\,\vec{I}(k)$ zusammensetzt. Der Hamiltonoperator für die Bewegung der Elektronen lautet (7)

$$\mathscr{H}_e = \frac{1}{2\,m} \sum_{l=1}^{n} \left(\vec{p}_l + \frac{e}{c}\,\vec{A}_l \right)^2 - e\,\varphi \,. \tag{36}$$

$-e\varphi$ ist die potentielle Energie der elektrischen Wechselwirkungen der Elektronen untereinander und mit den Kernen.

$$\mathscr{H}_0 = \frac{1}{2\,m} \sum_{l=1}^{n} \vec{p}_l^{\,2} - e\varphi \tag{37}$$

stimmt mit dem Hamiltonoperator des Moleküls bei Abwesenheit des Magnetfeldes formal überein*. Für den Einfluß des Magnetfeldes auf die Bewegung der Elektronen erhalten wir demnach (12)

---

[11] Freeman, R., and W. A. Anderson: J. chem. Phys. **37**, 2053 (1962).

* Beachte, daß z. B. in der Schrödinger-Darstellung gilt:

$$\vec{p}_l = \frac{\hbar}{i}\,\vec{\nabla} = m\,\vec{v}_l - \frac{e}{c}\,\vec{A}_l \qquad \text{bei } \vec{H}_0 \neq 0;\ \text{aber}$$

$$\vec{p}_l = \frac{\hbar}{i}\,\vec{\nabla} = m\,\vec{v}_l \qquad\qquad \text{bei } \vec{H}_0 = 0\,.$$

$$\mathcal{H}_s = \mathcal{H}_e - \mathcal{H}_0 = - \frac{e}{2\,mc} \sum_{l=1}^{n} [(\vec{\boldsymbol{p}}_l, \vec{\boldsymbol{A}}_l) + (\vec{\boldsymbol{A}}_l, \vec{\boldsymbol{p}}_l)] + \frac{e^2}{2\,mc^2} \sum_{l=1}^{n} \vec{\boldsymbol{A}}_l^2 \ . \qquad (38)$$

$\vec{\boldsymbol{A}}_l$ ist das von dem Magnetfeld $\vec{H}_0$ und den Kernmomenten $\gamma_k\,\hbar\,\vec{\boldsymbol{I}}(k)$ am Ort $\vec{r}_l$ des l-ten Elektrons erzeugte Vektorpotential. Es läßt sich als Summe

$$\vec{\boldsymbol{A}}_l = \vec{\boldsymbol{A}}_l^0 + \sum_{k=1}^{N} \vec{\boldsymbol{A}}_l^k$$

$$= \tfrac{1}{2}\,\vec{H}_0 \times \vec{r}_l + \sum_{k=1}^{N} \gamma_k\,\hbar\,r_{kl}^{-3}\,[\vec{\boldsymbol{I}}(k) \times \vec{r}_{kl}] \qquad (39)$$

des Vektorpotentials $\vec{\boldsymbol{A}}_l^0$ von $\vec{H}_0$ und der Vektorpotentiale $\vec{\boldsymbol{A}}_l^k$ der Kernmomente darstellen. $\vec{r}_{kl} = \vec{r}_l - \vec{r}_k$ ist der vom k-ten Kern auf das l-te Elektron weisende Abstandsvektor.

Durch Bildung der Rotationen

$$\operatorname{rot} \{\tfrac{1}{2}\,\vec{H}_0 \times r_l\} = \vec{H}_0$$

und

$$\operatorname{rot} \{\gamma_k\,\hbar\,r_{kl}^{-3}\,[\vec{\boldsymbol{I}}(k) \times \vec{r}_{kl}]\} = - \frac{\gamma_k\hbar\,\vec{\boldsymbol{I}}(k)}{r_{kl}^3} + \frac{3\,\gamma_k\hbar\,(\vec{\boldsymbol{I}}(k),\,\vec{r}_{kl})\,\vec{r}_{kl}}{r_{kl}^5} = \vec{H}_k^l \qquad (40)$$

läßt sich verifizieren, daß die Vektorpotentiale von $\vec{H}_0$ und $\gamma_k\,\hbar\,\vec{\boldsymbol{I}}(k)$ tatsächlich die in (39) angegebene Form haben. $\vec{H}_k^l$ ist nach Gl. (II, 4) das von einem magnetischen Dipol $\gamma_k\,\hbar\,\vec{\boldsymbol{I}}(k)$ im Abstand $\vec{r}_{kl}$ erzeugte Magnetfeld. Der Fall $r_{kl} = 0$ wird weiter unten diskutiert.

Die Vektorpotentiale (39) sind durch die Magnetfelder $\vec{H}_0$ und $\vec{H}_k^l$ noch nicht eindeutig bestimmt; denn ein Vektorpotential $\vec{A}' = \vec{A} + \vec{c}$ mit dem konstanten Vektor $\vec{c}$ erzeugt das gleiche Magnetfeld wie $\vec{A}$, da die Rotation eines konstanten Vektors verschwindet*. Die physikalisch nachprüfbaren Ergebnisse der Theorie sind jedoch wie allgemein in der Elektrodynamik von der durch $\vec{c}$ bestimmten „Eichung" der Vektorpotentiale unabhängig. Allerdings ist zu beachten, daß bei Näherungsrechnungen diese Eichinvarianz zerstört werden kann, wenn man für Größen, die vom Eichvektor $\vec{c}$ abhängen, Näherungswerte einsetzt.

Wir setzen jetzt die Vektorpotentiale (39) in (38) ein. Wie sich durch Rechnung mit Hilfe der Vertauschungsrelationen von $\vec{\boldsymbol{p}}$ und $\vec{r}$ zeigen läßt, ist $(\vec{\boldsymbol{p}}_l, \vec{\boldsymbol{A}}_l) = (\vec{\boldsymbol{A}}_l, \vec{\boldsymbol{p}}_l)$. Daher erhalten wir, wenn noch das Bohrsche Magneton

$$\frac{e\,\hbar}{2\,mc} = \beta$$

eingeführt wird,

$$\mathcal{H}_s = \mathcal{H}_1 + \mathcal{H}_2 + \mathcal{H}_3 + \mathcal{H}_4 + \mathcal{H}_5 \qquad (41)$$

---

* Es kann sogar $c = \operatorname{grad} \varphi(\vec{r})$ sein, da rot grad $= 0$.

$$\mathcal{H}_1 = \frac{e}{2\,mc} \sum_{l=1}^{n} (\vec{H}_0 \times \vec{r}_l, \vec{p}_l) \tag{41a}$$

$$\mathcal{H}_2 = 2\beta \sum_{l=1}^{n} \sum_{k=1}^{N} \gamma_k \, r_{kl}^{-3} \, (\vec{r}_{kl} \times \vec{p}_l, \vec{I}(k)) \tag{41b}$$

$$\mathcal{H}_3 = \frac{e^2}{8\,mc^2} \sum_{l=1}^{n} (\vec{H}_0 \times \vec{r}_l)^2 \tag{41c}$$

$$\mathcal{H}_4 = \frac{e^2\,\hbar}{2\,mc^2} \sum_{l=1}^{n} \sum_{k=1}^{N} \gamma_k \, r_{kl}^{-3} \, (\vec{r}_l \times \vec{H}_0, \vec{r}_{kl} \times \vec{I}(k)) \tag{41d}$$

$$\mathcal{H}_5 = \frac{e^2\,\hbar^2}{2\,mc^2} \sum_{l=1}^{n} \sum_{k=1}^{N} \sum_{j=1}^{N} \gamma_k \, \gamma_j \, r_{kl}^{-3} \, r_{jl}^{-3} \, (\vec{r}_{kl} \times \vec{I}(k), \vec{r}_{jl} \times \vec{I}(j)) \; . \tag{41e}$$

Verglichen mit der direkten Kopplung der magnetischen Kernmomente an das Magnetfeld (8)

$$\mathcal{H}_M = - \hbar \sum_{k=1}^{N} \gamma_k \, (\vec{H}_0, I(k)) \tag{42}$$

liefert $\mathcal{H}_s$ nur einen kleinen Beitrag, der mit Hilfe der Störungsrechnung behandelt werden kann. $\mathcal{H}_0 + \mathcal{H}_M$ betrachten wir als den ungestörten Hamiltonoperator, wobei $\mathcal{H}_0$ durch (37) gegeben ist.

Bezeichnen wir die Elektronen-Eigenzustände von $\mathcal{H}_0$ mit Φ_0, Φ_1, Φ_2, ... und die Kernspin-Eigenzustände von $\mathcal{H}_M$ mit ψ_0, ψ_1, ψ_2, ..., so sind $\Phi_0\psi_0$, $\Phi_0\psi_1$, $\Phi_0\psi_2$, ..., $\Phi_1\psi_0$, $\Phi_1\psi_1$, ... die Eigenzustände von $\mathcal{H}_0 + \mathcal{H}_M$, wobei $\mathcal{H}_0$ jeweils nur auf den ersten Faktor und $\mathcal{H}_M$ nur auf den zweiten Faktor der Produktfunktion wirkt. In der ersten Näherung der Störungsrechnung erhalten wir für die Störung des Grundzustandes von $\mathcal{H}_0$

$$\mathcal{H}_s' = \langle\, \Phi_0 \,|\, \mathcal{H}_s \,|\, \Phi_0 \,\rangle \, .^\star \tag{43}$$

Dies ist ein Operator, der nur noch auf die Spinzustände ψ_0, ψ_1, ψ_2, ... wirkt.

In der ersten Näherung der Störungsrechnung haben nur diejenigen Summanden in (41) einen Einfluß auf das Kernresonanzspektrum, die den Kernspinoperator $\vec{I}$ enthalten. Dies sind $\mathcal{H}_2$, $\mathcal{H}_4$ und $\mathcal{H}_5$.

Der Beitrag von $\mathcal{H}_2$ verschwindet aus dem folgenden Grund: In der Schrödinger-Darstellung ist $\vec{p} = - i\hbar$ grad, und somit ist auch $\mathcal{H}_2$ rein imaginär. Wir setzen voraus, daß der Grundzustand nicht bahnentartet ist. Daher kann die Eigenfunktion Φ_0 von $\mathcal{H}_0$ nicht komplex sein. Sonst wären Real- und Imaginärteil getrennt Lösungen der Schrödinger-Gleichung, und damit wäre der Grundzustand entgegen der Voraussetzung entartet. Infolgedessen ist auch $\langle \Phi_0 | \mathcal{H}_2 | \Phi_0 \rangle$ imaginär. Da $\mathcal{H}_2$ ein selbstadjungierter Operator ist, ist aber $\langle \Phi_0 | \mathcal{H}_2 | \Phi_0 \rangle$ zugleich reell und damit gleich Null. (Analog beweist man das Verschwinden des magnetischen Bahnmomentes der Elektronen in Molekülen.)

---

* Der besseren Übersichtlichkeit wegen benutzen wir im folgenden die Dirac-Schreibweise für die Matrixelemente

$$(\psi_j, \mathcal{H}\,\psi_k) \equiv \langle\, \psi_j \,|\, \mathcal{H} \,|\, \psi_k \,\rangle \equiv \langle\, j \,|\, \mathcal{H} \,|\, k \,\rangle \, .$$

Es bleibt in der ersten Näherung nur noch die Diskussion von $\mathcal{H}_4$ und $\mathcal{H}_5$. $\mathcal{H}_5$ enthält jeweils Paare der Spinoperatoren zweier Kerne und beschreibt daher eine Kopplung der Kernspins untereinander, die im nächsten Abschnitt behandelt wird. $\mathcal{H}_4$ ist proportional zum Magnetfeld H_0 und liefert daher einen Beitrag zur chemischen Verschiebung.

Wir betrachten die chemische Verschiebung an einem herausgegriffenen Kern k. Die Summation über k fällt demnach in $\mathcal{H}_4$ fort, und wir können den Index k streichen, wenn wir noch den Nullpunkt des Koordinatensystems in den Kern legen, so daß $\vec{r}_{kl} = \vec{r}_l$ wird. Dies ergibt

$$\mathcal{H}_4 = -\frac{e^2\,\hbar\,\gamma}{2\,mc^2} \sum_{l=1}^{n} r_l^{-3}\,(\vec{H}_0 \times \vec{r}_l,\, \vec{r}_l \times \vec{I})\,.$$

Das Produkt der Vektoren formen wir wie folgt um:

$$\begin{aligned}
(\vec{H}_0 \times \vec{r}_l,\, \vec{r}_l \times \vec{I}) &= (\vec{H}_0,\, \vec{r}_l \times [\vec{r}_l \times \vec{I}]) \\
&= (\vec{H}_0,\, \vec{r}_l)\,(\vec{r}_l,\, \vec{I}) - r_l^2\,(\vec{H}_0,\, \vec{I}) \\
&= \sum_{p=1}^{3} \sum_{q=1}^{3} H_0^{(p)}\,(x_l^{(p)}\,x_l^{(q)} - r_l^2\,\delta_{pq})\,I^{(q)}\,.
\end{aligned}$$

Man schreibt die Doppelsumme auch in der Form $\vec{H}_0 \cdot \tau \cdot \vec{I}$ als Tensorkopplung zwischen $\vec{H}_0$ und $\vec{I}$, wobei durch $\tau^{pq} = (x_l^{(p)}\,x_l^{(q)} - r_l^2\,\delta_{pq})$ die Komponenten des Tensors τ gegeben sind.

Nach dieser Umformung erhalten wir für den Spinoperator $\mathcal{H}_4'$, der noch auf die Spinzustände $\psi_0,\,\psi_1,\,\psi_2,\,\ldots$ wirkt,

$$\begin{aligned}
\mathcal{H}_4' &= \langle \Phi_0 | \mathcal{H}_4 | \Phi_0 \rangle \\
&= \sum_{p=1}^{3} \sum_{q=1}^{3} H_0^{(p)} \left\langle \Phi_0 \left| \frac{-e^2}{2\,mc^2} \sum_{l=1}^{n} r_l^{-3}\,(x_l^{(p)}\,x_l^{(q)} - r_l^2\,\delta_{pq}) \right| \Phi_0 \right\rangle \gamma\,\hbar\,I^{(q)}\,. \quad (44)
\end{aligned}$$

Die Matrixelemente in der Doppelsumme (44) sind die Tensorkomponenten der Kopplung zwischen $\vec{H}_0$ und $\vec{\mu} = \gamma\,\hbar\,\vec{I}$.

In Flüssigkeiten ist wegen der raschen Rotation der Moleküle nur der Mittelwert des Kopplungstensors zwischen $\vec{H}_0$ und $\gamma\,\hbar\,\vec{I}$, gemittelt über alle Rotationszustände des Moleküls, wirksam. Dieser Mittelwert ist aber gerade gleich einem Drittel der Spur

$$\sigma_d = \frac{e^2}{3\,mc^2} \left\langle \Phi_0 \left| \sum_{l=1}^{n} \frac{1}{r_l} \right| \Phi_0 \right\rangle \tag{45}$$

des Kopplungstensors. Denn die Spur ist die einzige Invariante bei der Drehung eines symmetrischen Tensors. Damit erhalten wir

$$\mathcal{H}_4' = \sigma_d\,(\vec{H}_0,\, \gamma\,\hbar\,\vec{I})\,. \tag{46}$$

Die Abschirmkonstante σ ist mit einem Index d versehen, um den diamagnetischen Teil σ_d von dem weiter unten behandelten paramagnetischen Teil σ_p zu unterscheiden.

In der zweiten Näherung der Störungsrechnung erhalten wir für die Störung des Grundzustandes von $\mathcal{H}_0$

$$\mathcal{H}_s'' = \sum_{n \neq 0}^{\infty} \frac{\langle \Phi_0 \,|\, \mathcal{H}_s \,|\, \Phi_n \rangle \, \langle \Phi_n \,|\, \mathcal{H}_s \,|\, \Phi_0 \rangle}{E_0 - E_n}. \tag{47}$$

$E_0, E_1, E_2, \ldots$ sind die Eigenwerte von $\mathcal{H}_0$ in den Zuständen $\Phi_0, \Phi_1, \Phi_2, \ldots$. Während für die Energie des Elektronengrundzustandes und vielleicht der niedrigsten angeregten Zustände wenigstens bei kleinen Molekülen Näherungswerte berechnet worden sind, ist bei keinem Molekül die Gesamtheit aller E_n und Φ_n bekannt. Um trotzdem etwas über die Störung in zweiter Näherung zu erfahren, ersetzt man die angeregten Terme E_n durch einen geschätzten Mittelwert $\bar{E}$. Dann kann man $\bar{E} - E_0 = \Delta E$ aus der Summe (47) herausziehen und erhält

$$\mathcal{H}_s'' = -\frac{1}{\Delta E} \langle \Phi_0 \,|\, \mathcal{H}_s \left\{ \sum_{n \neq 0}^{\infty} |\, \Phi_n \rangle \, \langle \Phi_n \,| \right\} \mathcal{H}_s \,|\, \Phi_0 \rangle.$$

Addiert man noch das gegenüber der Störung 1. Ordnung (43) kleine Glied

$$-\frac{1}{\Delta E} \langle \Phi_0 \,|\, \mathcal{H}_s \,|\, \Phi_0 \rangle^2,$$

so erhält man in der geschweiften Klammer die Summe

$$\sum_{n=0}^{\infty} |\, \Phi_n \rangle \, \langle \Phi_n \,|.$$

Diese Summe ist aber gleich dem Einheitsoperator, wie sich durch Anwendung auf eine Funktion $\psi = \sum_{m=0}^{\infty} a_m \,|\, \Phi_m \rangle$ leicht zeigen läßt. Daher erhält man für den Spinoperator in der 2. Näherung der Störungsrechnung

$$\mathcal{H}_s'' = -\frac{1}{\Delta E} \langle \Phi_0 \,|\, \mathcal{H}_s^2 \,|\, \Phi_0 \rangle. \tag{48}$$

Beim Ausmultiplizieren von $\mathcal{H}_s^2$ erhält man abgesehen von den quadratischen Gliedern $\mathcal{H}_1^2, \mathcal{H}_2^2, \ldots$ noch zehn Kombinationen der Art $\mathcal{H}_j \mathcal{H}_k + \mathcal{H}_k \mathcal{H}_j$. Von diesen ist jedoch nur $\mathcal{H}_1 \mathcal{H}_2 + \mathcal{H}_2 \mathcal{H}_1$ bilinear in $\vec{I}$ und $\vec{H}_0$ und liefert somit einen Beitrag zur chemischen Verschiebung. Auf die Diskussion der übrigen Glieder gehen wir nicht weiter ein. Es läßt sich zeigen, daß sie — abgesehen von $\mathcal{H}_2^2$, das im nächsten Abschnitt behandelt wird — keinen meßbaren Einfluß auf das Kernresonanzspektrum haben.

Vor einer weiteren Erörterung des Störgliedes

$$\mathcal{H}_{12}'' = -\frac{1}{\Delta E} \langle \Phi_0 \,|\, \mathcal{H}_1 \mathcal{H}_2 + \mathcal{H}_2 \mathcal{H}_1 \,|\, \Phi_0 \rangle \tag{49}$$

formen wir die Operatoren $\mathcal{H}_1$ und $\mathcal{H}_2$ noch etwas um. Wir betrachten wie oben nur die chemische Verschiebung an einem herausgegriffenen k-ten Kern und streichen den Index k. $\mathscr{H}_1$ schreiben wir in der Form

$$\mathscr{H}_1 = \frac{e}{2\,mc}\left(\vec{H}_0, \sum_{s=1}^{n} \vec{r}_s \times \vec{p}_s\right) = \beta\,(\vec{H}_0, \vec{L})\,,$$

indem wir den Bahndrehimpulsoperator

$$\hbar\,\vec{L} = \hbar \sum_s \vec{l}_s = \sum_s \vec{r}_s \times \vec{p}_s$$

aller Elektronen des Moleküls und das Bohrsche Magneton β einführen. Setzt man $\mathscr{H}_1$ zusammen mit

$$\mathscr{H}_2 = 2\,\beta\left(\sum_{s=1}^{n} r_s^{-3}\,\vec{l}_s, \quad \gamma\,\hbar\,\vec{I}\right)$$

in (49) ein, so erhält man nach kurzer Rechnung einen Ausdruck, der die gleiche Form wie (44) hat:

$$\mathscr{H}''_{12} = \sum_{p=1}^{3} \sum_{q=1}^{3} H_0^{(p)} \left\langle \Phi_0 \left| \frac{-4\,\beta^2}{\Delta E} \sum_{s=1}^{n} r_s^{-3}\,L^{(p)}\,l_s^{(q)} \right| \Phi_0 \right\rangle \gamma\,\hbar\,I^{(q)}\,. \tag{50}$$

Auch hier ist die Abschirmkonstante in Flüssigkeiten durch ein Dritte der Spur des Kopplungstensors

$$\sigma_p = -\frac{4\,\beta^2}{3\,\Delta E} \left\langle \Phi_0 \left| \sum_{s=1}^{n} r_s^{-3}\,(\vec{L}, \vec{l}_s) \right| \Phi_0 \right\rangle \tag{51}$$

gegeben. σ_p nennt man den paramagnetischen Anteil der chemischen Verschiebung, da er wie der temperaturunabhängige Van Vlecksche Paramagnetismus von den Bahnmomenten der Elektronen in der 2. Näherung erzeugt wird.

Wir haben jetzt in den Ausdrücken (45) und (51) die physikalischen Ursachen für die Abschirmkonstante $\sigma = \sigma_d + \sigma_p$ eines herausgegriffenen Kerns im Molekül abgeleitet. Die numerische Berechnung von σ ist bisher nur in wenigen besonders einfachen Fällen gelungen.[12] Da im Kernresonanzspektrum nur Differenzen von Abschirmkonstanten gemessen werden, ist es wichtig, wenigstens bei *einer* Verbindung einer interessierenden Kernsorte die Abschirmkonstante durch Rechnung zu erhalten. Im H_2-Molekül ließ sich σ_d ziemlich zuverlässig berechnen. Die Berechnung von σ_p ist schwieriger, da keine zuverlässigen Schätzungen von ΔE in (51) gemacht werden können. Daher wurde an Stelle der Störungsrechnung das Variationsverfahren benutzt, um σ_p in Näherung bestimmen zu können. Beim H_2-Molekül war es außerdem möglich, mit Molekülstrahlresonanzmethoden die Spinrotationskonstante der Kopplung des magnetischen Kernmoments an das magnetische Rotationsdipolmoment des H_2-Moleküls zu bestimmen. Die Spinrotationskonstante steht in engem Zusammenhang mit dem paramagnetischen Anteil der chemischen

---

[12] Siehe Literaturverzeichnis (S. 134), Ref. 5.

Verschiebung σ_p und gestattet seine indirekte experimentelle Bestimmung. Die Berechnung von σ_d und die experimentelle Bestimmung von σ_p ergaben für das H_2-Molekül die Zahlenwerte[13]

$$\sigma_d = 32{,}4 \cdot 10^{-6}$$

$$\sigma_p = -5{,}6 \cdot 10^{-6}$$

$$\sigma = 26{,}8 \cdot 10^{-6} \ .$$

2. Spin-Spin-Kopplung

In unseren bisherigen Überlegungen haben wir den Einfluß des Elektronenspins auf das Kernresonanzspektrum außer Acht gelassen. Dies ist bei diamagnetischen Molekülen gerechtfertigt, wenn man nur bis zur ersten Näherung der Störungsrechnung geht, da im Elektronengrundzustand der Gesamtspin der Elektronen verschwindet. In der zweiten Näherung sind an der Störung jedoch angeregte Elektronenzustände beteiligt, in denen der Elektronenspin von Null verschieden ist. Daher reicht der Hamiltonoperator (41) zur Beschreibung von Einflüssen höherer Ordnung auf das Kernresonanzspektrum noch nicht aus.

Wir gehen im folgenden davon aus, daß jedes der Elektronen des Moleküls ein magnetisches Spinmoment

$$\vec{\mu}(l) = \frac{-e\,\hbar}{m\,c}\,\vec{s}(l) = -2\,\beta\,\vec{s}(l)$$

besitzt. Die potentielle Energie des l-ten Elektrons im Magnetfeld rot $\vec{A}_l^k$ des k-ten Kerndipols ist dann

$$V(kl) = -(\vec{\mu}(l), \text{rot } \vec{A}_l^k)$$
$$= 2\,\beta\,\gamma_k\,\hbar\left(\vec{s}(l), \text{rot } \frac{\vec{I}(k) \times \vec{r}_{kl}}{r_{kl}^3}\right). \tag{52}$$

Für das Vektorpotential $\vec{A}_l^k$ wurde der Wert aus (39) eingesetzt. Das Vektorprodukt formen wir noch etwas um. Zunächst ist

$$\text{rot } \frac{\vec{I}(k) \times \vec{r}_{kl}}{r_{kl}^3} = \text{rot rot } \frac{\vec{I}(k)}{r_{kl}}$$
$$= \{\text{grad div} - \Delta\}\,\frac{\vec{I}(k)}{r_{kl}}\ .$$

Wie weiter unten verständlich wird, ist es sinnvoll, von dem Summanden $\Delta\,\dfrac{\vec{I}(k)}{r_{kl}}$ zwei Drittel abzuspalten und für $V(kl)$ zu schreiben

$$V(kl) = 2\,\beta\,\gamma_k\,\hbar\left(\vec{s}(l), \{\text{grad div} - \tfrac{1}{3}\Delta\}\,\frac{\vec{I}(k)}{r_{kl}}\right) - \tfrac{4}{3}\,\beta\,\gamma_k\,\hbar\,(\vec{s}(l), \vec{I}(k))\,\Delta\frac{1}{r_{kl}}$$
$$= V(kl)' + V(kl)''$$

---

13 RAMSEY, N. F.: Phys. Rev. **78**, 699 (1950).

Für $V(kl)'$ erhält man nach Ausführung der Differentiation grad div

$$V(kl)' = 2\,\beta\,\gamma_k\,\hbar\left\{ -\frac{(\vec{s}(l), \vec{I}(k))}{r_{kl}^3} + 3\,\frac{(\vec{s}(l), \vec{r}_{kl})\,(\vec{I}(k), \vec{r}_{kl})}{r_{kl}^5} \right\}. \tag{53}$$

Dies ist aber nach Gl. (II, 5) die potentielle Wechselwirkungsenergie der beiden magnetischen Dipole $-2\,\beta\,\vec{s}(l)$ und $\gamma_k\,\hbar\,\vec{I}(k)$. Im Fall $r_{kl} = 0$ wird $V(kl)'$ unendlich. Die physikalisch allein wesentlichen Matrixelemente $\langle\,\Phi_n\,|\,V(kl)'\,|\,\Phi_{n'}\rangle$ divergieren an der Stelle $r_{kl} = 0$ jedoch nicht. Dies ergibt sich aus dem Verhalten der Φ_n am Nullpunkt*. $V(kl)''$ liefert nur an der Stelle $r_{kl} = 0$ einen endlichen Beitrag und verschwindet für $r_{kl} > 0$. Betrachtet man nämlich die Lösung

$$\varphi = \int \frac{\varrho(\vec{r}\,')}{|\,\vec{r} - \vec{r}\,'\,|}\,d\tau'$$

der Poisson-Gleichung $\Delta\,\varphi = -\,4\,\pi\,\varrho$, so erhält man gerade $\varphi = 1/r$, wenn man für ϱ die Diracsche δ-Funktion einsetzt. Für $V(kl)''$ ergibt sich demnach

$$V(kl)'' = \frac{16\,\pi}{3}\,\beta\,\gamma_k\,\hbar\,(\vec{s}(l), \vec{I}(k))\,\delta\,(\vec{r}_{kl})\,. \tag{54}$$

Dieser Ausdruck wurde zuerst von FERMI im Rahmen einer relativistischen Theorie des Elektrons abgeleitet und wird daher häufig Fermi-Term genannt.

Für die magnetische Wechselwirkung aller Elektronen und Kerne erhält man die Summe

$$\sum_{l=1}^{n}\sum_{k=1}^{N}\left[V(kl)' + V(kl)''\right],$$

die wir im Anschluß an Gl. (41) in zwei Glieder

$$\mathscr{H}_6 = 2\,\beta\,\hbar\sum_{l=1}^{n}\sum_{k=1}^{N}\gamma_k\left\{ -\frac{(\vec{s}(l), \vec{I}(k))}{r_{kl}^3} + 3\,\frac{(\vec{s}(l), \vec{r}_{kl})\,(\vec{I}(k), \vec{r}_{kl})}{r_{kl}^5} \right\} \tag{55}$$

und

$$\mathscr{H}_7 = \frac{16\,\pi}{3}\,\beta\,\hbar\sum_{l=1}^{n}\sum_{k=1}^{N}\gamma_k\,(\vec{s}(l), \vec{I}(k))\,\delta\,(\vec{r}_{kl}) \tag{56}$$

aufspalten und dem Hamiltonoperator $\mathscr{H}_8$ hinzufügen.

---

* Man entwickelt die Φ_n nach Kepler-Eigenfunktionen $R_{n\lambda}\,(r_{kl})\,Y_\lambda\,(\vartheta, \varphi)$ und betrachtet die Matrixelemente $\int(R_{n\lambda}\,Y_\lambda)^*\,V(kl)'\,R_{n'\lambda'}\,Y_{\lambda'}\,d\tau$ in ihrem Verhalten am Nullpunkt $r_{kl} = 0$. $V(kl)'$ transformiert sich bei Drehungen wie eine Kugelfunktion der Ordnung $\lambda = 2$ nach der Darstellung $D^{(2)}$ der Kugeldrehgruppe. Nach einem Satz der Darstellungstheorie sind die Matrixelemente $\int(R_{n\lambda}\,Y_\lambda)^*\,V(kl)'\,R_{n'\lambda'}\,Y_{\lambda'}\,d\tau$ nur dann von Null verschieden, wenn in dem direkten Produkt $D^{(\lambda)} \times D^{(2)} \times D^{(\lambda')}$ die totalsymmetrische Darstellung $D^{(0)}$ enthalten ist, was bedeutet, daß $\lambda + \lambda' \geq 2$ sein muß. Da in der Umgebung des Nullpunktes $V(kl)' \sim r_{kl}^{-3}$ und die $R_{n\lambda} \sim r_{kl}^{\lambda}$ sind, verhalten sich wegen $d\tau = r_{kl}^2\,\sin\vartheta\,dr_{kl}\,d\vartheta\,d\varphi$ die Matrixelemente wie $r_{kl}^{\lambda+\lambda'-3+2} \geq 1$.

Wollten wir den Einfluß des erweiterten Störoperators $\mathcal{H}_s$ auf das Kernresonanzspektrum konsequent bis zur 2. Näherung der Störungsrechnung behandeln, so wären nach dem Ausmultiplizieren von $\mathcal{H}_s^2$ in (48) insgesamt 28 Kombinationen der Form $\mathcal{H}_j^2$ bzw. $\mathcal{H}_j\mathcal{H}_k + \mathcal{H}_k\mathcal{H}_j$ zu diskutieren. Wir verzichten hier jedoch auf eine Diskussion aller einzelnen Summanden und betrachten nur diejenigen, die einen Beitrag zur Spin-Spin-Kopplung liefern, also die Form $\sum\limits_j \sum\limits_k \vec{I}(j) \cdot \tau_{jk} \cdot \vec{I}(k)$ haben und unabhängig vom Magnetfeld sind. Dies sind $\mathcal{H}_2^2$, $\mathcal{H}_6^2$, $\mathcal{H}_7^2$, $\mathcal{H}_2\mathcal{H}_6 + \mathcal{H}_6\mathcal{H}_2$, $\mathcal{H}_2\mathcal{H}_7 + \mathcal{H}_7\mathcal{H}_2$ und $\mathcal{H}_6\mathcal{H}_7 + \mathcal{H}_7\mathcal{H}_6$. Dazu kommt noch $\mathcal{H}_5$ in der ersten Näherung der Störungsrechnung. Bei diamagnetischen Molekülen verschwindet der Beitrag der Kombinationen von $\mathcal{H}_2$ mit $\mathcal{H}_6$ und $\mathcal{H}_7$. Denn die Produkte sind linear in den Elektronenspinoperatoren und verschwinden daher, wenn man über den Elektronenspinanteil des Singulett-Grundzustandes mittelt, ebenso wie ja auch die Beiträge von $\mathcal{H}_6$ und $\mathcal{H}_7$ in erster Näherung bei diamagnetischen Molekülen verschwinden.

Die Kombination von $\mathcal{H}_6$ und $\mathcal{H}_7$ verschwindet ebenfalls bei rascher Rotation der Moleküle in Flüssigkeiten. In dem Matrixelement $\langle \Phi_0 | \mathcal{H}_6\mathcal{H}_7 | \Phi_0 \rangle$ transformiert sich $\mathcal{H}_6$ nach der Darstellung $D^{(2)}$ der Kugeldrehgruppe, während sich $\mathcal{H}_7$ und ebenso der Mittelwert von Φ_0 über die Rotationszustände des Moleküls nach $D^{(0)}$ transformieren. Das ganze Matrixelement transformiert sich also nach $D^{(2)}$ und verschwindet daher.

Die noch verbliebenen Operatoren $\mathcal{H}_5$, $\mathcal{H}_2^2$, $\mathcal{H}_6^2$ und $\mathcal{H}_7^2$ liefern nach (43) und (48) die Spinoperatoren

$$\mathcal{H}_5' = \langle \Phi_0 | \mathcal{H}_5 | \Phi_0 \rangle, \tag{57a}$$

$$\mathcal{H}_2'' = -\frac{1}{\Delta E} \langle \Phi_0 | \mathcal{H}_2^2 | \Phi_0 \rangle, \tag{57b}$$

$$\mathcal{H}_6'' = -\frac{1}{\Delta E} \langle \Phi_0 | \mathcal{H}_6^2 | \Phi_0 \rangle \tag{57c}$$

und

$$\mathcal{H}_7'' = -\frac{1}{\Delta E} \langle \Phi_0 | \mathcal{H}_7^2 | \Phi_0 \rangle. \tag{57d}$$

Die Eigenfunktion Φ_0 des Elektronengrundzustandes besteht aus einem Ortsanteil und einem Elektronenspinanteil, so daß die Operatoren (57) nur noch auf die Kernspineigenfunktionen wirken.

An Stelle einer ausführlichen Diskussion der einzelnen Operatoren (57) geben wir zunächst das Ergebnis einer Näherungsrechnung von RAMSEY[14] für das Wasserstoffmolekül an. Die Berechnung wurde für den deuterierten Wasserstoff HD durchgeführt. Denn in H_2 sind die Protonen äqui-

---

[14] RAMSEY, N. F.: Phys. Rev. 91, 303 (1953)

valent; daher kann die Spin-Kopplungskonstante nicht aus dem Kernresonanzspektrum entnommen werden. Da sich jedoch die Operatoren (57) von HD und H_2 nur durch die Produkte $\gamma_H \gamma_D$ bzw. γ_H^2 der gyromagnetischen Verhältnisse unterscheiden, gilt für ihre Spin-Kopplungskonstanten allgemein

$$J_{HH} = \frac{\gamma_H}{\gamma_D} J_{HD} .$$

Das Experiment ergab für HD eine Spin-Kopplungskonstante von 43,5 Hz. Ramseys Berechnung ergab einen Näherungswert von etwa 40 Hz. Davon entfallen auf $\mathscr{H}_5'$ und $\mathscr{H}_2''$, in denen nur die Bahnmomente der Elektronen vorkommen, weniger als 0,5 Hz. Die Kopplung durch $\mathscr{H}_6''$ liefert etwa 3 Hz. Der weitaus größte Teil der Kopplung wird durch $\mathscr{H}_7''$ bewirkt. Dieser Teil ist im Wasserstoffmolekül besonders groß, da wegen des hohen s-Anteils an der Valenzeigenfunktion die Aufenthaltswahrscheinlichkeit der Elektronen an den Kernen sehr groß ist und wegen der δ-Funktionen $\mathscr{H}_7''$ weitgehend durch diese Aufenthaltswahrscheinlichkeit bestimmt wird.

Obwohl in anderen Molekülen der Anteil von $\mathscr{H}_7''$ an der Spin-Spin-Kopplung wesentlich kleiner sein kann, wollen wir im folgenden die Diskussion auf $\mathscr{H}_7''$ beschränken, da die Behandlung der anderen Glieder ähnlich verläuft und nichts prinzipiell Neues bringt. Aus (56) und (57d) folgt

$$\mathscr{H}_7'' = - \frac{1}{\Delta E} \left(\frac{16 \pi \beta \hbar}{3} \right)^2 \sum_j^N \sum_k^N \sum_{l'}^n \sum_l^n \gamma_j \gamma_k$$
$$\langle \Phi_0 | \delta(\vec{r}_{jl'}) \, \delta(\vec{r}_{kl}) \, (\vec{I}(j), \vec{s}(l')) \, (\vec{s}(l), \vec{I}(k)) | \Phi_0 \rangle . \tag{58}$$

Dies ist eine Tensorkopplung zwischen den Kernspins, von der in Flüssigkeiten nur ein Drittel der Spur des Kopplungstensors wirksam wird, wie wir bei der Diskussion der chemischen Verschiebung [siehe Gln. (44) und (45)] schon gesehen haben. Man ersetzt demnach in (58) die Komponenten $\tau^{(pq)} = s(l')^{(p)} \, s(l)^{(q)}$ des Kopplungstensors durch $\frac{1}{3} \delta_{pq}$ Spur $\tau = \frac{1}{3} \delta_{pq} (\vec{s}(l'), \vec{s}(l))$ und erhält so eine skalare Kopplung zwischen den Kernspins $\vec{I}(j)$ und $\vec{I}(k)$:

$$\sum_{p=1}^3 \sum_{q=1}^3 I(j)^{(p)} \tfrac{1}{3} \delta_{pq} (\vec{s}(l'), \vec{s}(l)) I(k)^{(q)} = \tfrac{1}{3} (\vec{s}(l'), \vec{s}(l)) (\vec{I}(j), \vec{I}(k)) .$$

Für $\mathscr{H}_7''$ erhält man

$$\mathscr{H}_7'' = - \frac{2}{3 \Delta E} \left(\frac{16 \pi \beta \hbar}{3} \right)^2 \sum_{j<k} \gamma_j \gamma_k \left\{ \sum_{l'} \sum_l \right.$$
$$\langle \Phi_0 | (\vec{s}(l'), \vec{s}(l)) \, \delta(\vec{r}_{jl'}) \, \delta(\vec{r}_{kl}) | \Phi_0 \rangle \left. \right\} (\vec{I}(j), \vec{I}(k)) . \tag{59}$$

Dabei haben wir noch $\sum_j \sum_k \ldots = 2 \sum_{j<k} \ldots$ gesetzt, um den Vergleich mit der Gleichung (11) zu erleichtern, in der die Spin-Kopplungs-

konstanten als empirische Parameter eingeführt wurden. Aus (11) und (59) erhält man für die Spin-Kopplungskonstante

$$J_{jk} = -\tfrac{2}{3}\, \frac{\gamma_j \gamma_k}{h\, \Delta E} \left(\frac{16\,\pi\,\beta\hbar}{3}\right)^2 \sum_{l'=1}^{n} \sum_{l=1}^{n}$$
$$\langle \Phi_0 \,|\, (\vec{s}(l'), \vec{s}(l))\, \delta(\vec{r}_{jl'})\, \delta(\vec{r}_{kl}) \,|\, \Phi_0 \rangle . \tag{60}$$

Bei nicht zu großer Spin-Bahn-Kopplung läßt sich Φ_0 als Produkt $\Phi_0 = \chi_0 \Psi_0$ des Spinanteils χ_0 mit dem Ortsanteil Ψ_0 schreiben. Dann zerfallen die Matrixelemente in Produkte

$$\langle \chi_0 \,|\, (\vec{s}(l'), \vec{s}(l)) \,|\, \chi_0 \rangle \langle \Psi_0 \,|\, \delta(\vec{r}_{jl'})\, \delta(\vec{r}_{kl}) \,|\, \Psi_0 \rangle ,$$

deren erster Faktor sehr leicht zu berechnen ist, wenn man für das skalare Produkt der Elektronenspinoperatoren

$$(\vec{s}(l'), \vec{s}(l)) = \tfrac{1}{2}\left\{[\vec{s}(l') + \vec{s}(l)]^2 - s(l')^2 - s(l)^2\right\}$$

schreibt. Die genaue Berechnung des zweiten Faktors

$$\langle \Psi_0 \,|\, \delta(\vec{r}_{jl'})\, \delta(\vec{r}_{kl}) \,|\, \Psi_0 \rangle$$

ist schon bei kleinen Molekülen außerordentlich schwierig. RAMSEY[14] hat bei seiner Rechnung für das HD-Molekül für den Ortsanteil Ψ_0 die sehr genaue Näherungseigenfunktion für den Grundzustand von H_2, die JAMES und COOLIDGE[15] nach dem Variationsverfahren berechnet haben, eingesetzt.

Für kompliziertere Moleküle hat McCONNELL[16] das Verfahren der Molekülzustände (siehe Kap. V, d) benutzt, um die Spin-Kopplungskonstante zu berechnen. Die Kopplung von Protonen wird auch in komplizierteren Molekülen hauptsächlich durch $\mathcal{H}_7''$ verursacht. Dagegen verschwindet bei der Kopplung der Fluorkerne in Tetrafluoräthylen der Beitrag von $\mathcal{H}_7''$ in der MO-Näherung, und die Spin-Spin-Kopplung wird hauptsächlich durch $\mathcal{H}_2''$ und $\mathcal{H}_6''$ verursacht, während $\mathcal{H}_5'$ nur wenig zur Kopplung beiträgt.

M. KARPLUS[17] hat für die Berechnung der Spin-Kopplungskonstanten zwischen Protonen ein Verfahren angegeben, das von der Näherung der Valenzstrukturen ausgeht und nur den Fermi-Term (60) berücksichtigt. Wir erwähnen hier eine in der organischen Chemie häufig angewandte Gleichung, die aus der Rechnung von KARPLUS für das Fragment

$$\overset{\displaystyle H}{\diagdown}\underset{\displaystyle C - C'}{}\overset{\displaystyle H'}{\diagup}$$

[15] JAMES, H. M., A. S. COOLIDGE, and R. D. PRESENT: J. chem. Phys. **4**, 194 (1936) (dort weitere Literatur).

[16] McCONNELL, H. M.: J. chem. Phys. **24**, 460 (1956).

[17] KARPLUS, M.: J. chem. Phys. **30**, 11 (1959); J. am. chem. Soc. **85**, 2870 (1963).

folgt. Sie lautet für die Kopplungskonstante zwischen den Protonen H und H':

$$J_{HH'} = A + B \cos \varphi + C \cos 2\varphi .$$

φ ist der Winkel, den die $H\,C\,C'$-Ebene mit der $C\,C'\,H'$-Ebene bildet. Für einen $C\,C'$-Abstand von 1,353 Å, eine mittlere Anregungsenergie (60) von $\Delta E = 9$ eV und sp^3-Hybridisierung erhält man $A = 4{,}22$, $B = -0{,}5$ und $C = 4{,}5$ Hz. KARPLUS betont jedoch ausdrücklich den Näherungscharakter dieser einfachen Beziehung und diskutiert die Änderung der Konstanten A, B und C, wenn sich der $C\,C'$-Abstand oder die Winkel $H\,C\,C'$ und $C\,C'\,H'$ ändern oder wenn Substituenten die Spin-Spin-Kopplung beeinflussen.

d) Dipol-Dipol-Wechselwirkung in Festkörpern

Bei der quantenmechanischen Behandlung von σ und J haben wir nur die Wechselwirkung der magnetischen Kernmomente mit der Elektronenhülle und einem Magnetfeld $\vec{H}_0$ diskutiert. Dagegen haben wir die direkte Kopplung der magnetischen Kernmomente, die in Gl. (7) mit V_D bezeichnet und in (II, 5) für zwei klassische Dipole angegeben wurde, außer Acht gelassen. Im letzten Absatz von Kap. III, a wurde dieses Vorgehen gerechtfertigt, indem gezeigt wurde, daß sich in Flüssigkeiten der Einfluß von V_D auf die Frequenzen des Kernresonanzspektrums herausmittelt und nur ein kleiner Beitrag zur Linienbreite zu beachten ist.

In Festkörpern führt die direkte Kopplung der magnetischen Kernmomente zu Linienbreiten und Frequenzaufspaltungen, die in den meisten Fällen so viel größer sind als die chemische Verschiebung und die indirekte Spin-Spin-Kopplung, daß letztere vernachlässigt werden können. Die Kernresonanzfrequenzen werden demnach durch einen Hamiltonoperator der Form

$$\mathscr{H} = \mathscr{H}_M + \mathscr{H}_D \tag{61}$$

$$\mathscr{H}_M = -\hbar \sum_{k=1}^{N} \gamma_k \, (\vec{H}_0, \vec{I}(k)) \tag{61a}$$

$$\mathscr{H}_D = \hbar^2 \sum_{j<k} \sum \gamma_j \gamma_k \left\{ \frac{(\vec{I}(j), \vec{I}(k))}{r_{jk}^3} - 3 \frac{(\vec{I}(j), \vec{r}_{jk})\,(\vec{I}(k), \vec{r}_{jk})}{r_{jk}^5} \right\} \tag{61b}$$

beschrieben, wie er sich aus den Gleichungen (8) und (II, 5) für die magnetischen Kernmomente $\gamma_k \, \hbar \, \vec{I}(k)$ ergibt. In (61b) ist $\vec{r}_{jk}$ der Abstandsvektor zwischen j und k. Die Summe läuft über die $N \sim 10^{23}$ Kernspins des makroskopischen Kristalls.

Führt man in einem kartesischen Koordinatensystem, dessen z-Achse parallel zu $\vec{H}_0$ ist, die Größen $I_\pm = I_x \pm i\,I_y$ und $r^\pm = x \pm i\,y$ ein und setzt außerdem noch $z = r \cos \vartheta$, so erhält man für die Kopplung der Kernmomente

$$\mathcal{H}_D = \tfrac{1}{2}\,\hbar^2 \sum_{j<k}\sum \gamma_j\,\gamma_k\,r_{jk}^{-3}\,(1-3\cos^2\vartheta_{jk})\,\{3\,I_z(j)\,I_z(k) - (\vec{I}(j),\,\vec{I}(k))\}$$

$$- \tfrac{3}{2}\,\hbar^2 \sum_{j<k}\sum \gamma_j\,\gamma_k\,r_{jk}^{-5}\,\{\tfrac{1}{2}\,[I_+(j)\,I_+(k)\,(r_{jk}^-)^2 + I_-(j)\,I_-(k)\,(r_{jk}^+)^2] \tag{62}$$

$$+ r_{jk}\cos\vartheta_{jk}\,[I_z(j)\,(I_+(k)\,r_{jk}^- + I_-(k)\,r_{jk}^+) + I_z(k)\,(I_+(j)\,r_{jk}^- + I_-(j)\,r_{jk}^+)]\,\}.$$

ϑ_{jk} ist der Winkel, den der Abstandsvektor $\vec{r}_{jk}$ mit der Magnetfeldrichtung (bzw. der z-Achse) bildet.

Bei den starken Magnetfeldern von $\sim 10^3$ Oe, die bei Kernresonanzuntersuchungen meist angewandt werden, kann $\mathcal{H}_D$ als kleine Störung von $\mathcal{H}_M$ angesehen und mit Hilfe der Störungsrechnung behandelt werden. Da in der ersten Näherung nur die Diagonalelemente von $\mathcal{H}_D$ zur Energiestörung beitragen, kann die zweite Doppelsumme in (62) weggelassen werden. An Stelle von (61) behandeln wir demnach nur den Hamiltonoperator

$$\mathcal{H}' = -\,\hbar \sum_{k=1}^{N} \gamma_k\,H_0\,I_z(k)$$

$$+ \tfrac{1}{2}\,\hbar^2 \sum_{j<k}\sum \gamma_j\,\gamma_k\,r_{jk}^{-3}\,(1-3\cos^2\vartheta_{jk})\,\{3\,I_z(j)\,I_z(k) - (\vec{I}(j),\,\vec{I}(k))\}. \tag{63}$$

1. Linienaufspaltung

Als besonders einfaches Beispiel von (63) betrachten wir zunächst den Hamiltonoperator für zwei gleiche Kernspins $I = \tfrac{1}{2}$:

$$\mathcal{H}' = -\,\gamma\,\hbar\,H_0\,[I_z(1) + I_z(2)]$$

$$+ \gamma^2\,\hbar^2\,r^{-3}\,(1-3\cos^2\vartheta)\,\{I_z(1)\,I_z(2) - \tfrac{1}{4}[I_+(1)\,I_-(2) + I_-(1)\,I_+(2)]\}. \tag{64}$$

In Verbindungen, in denen der Abstand zwischen je zwei Kernspins wesentlich kleiner ist als die Entfernung zu den übrigen Kernspins, ist der Hamiltonoperator (64) eine gute Näherung. Wegen der Abhängigkeit proportional zu r^{-3} kann die Kopplung der Kernspins verschiedener Spinpaare bei der Behandlung der Linienaufspaltung außer Acht gelassen werden. Diese Kopplung bestimmt aber wesentlich die Breite und Form der Resonanzlinien. Beispiele für 2-Spin-Systeme sind etwa H_2O, NH_2- oder CH_2-Gruppen in sonst protonenfreien Verbindungen.

Zur Bestimmung der Eigenwerte von $\mathcal{H}'$ könnte man wie in Kap. III, b, 2 von den Basisfunktionen (16) ausgehen, die Eigenzustände des ungestörten Hamiltonoperators $-\gamma\,\hbar\,H_0\,[I_z(1) + I_z(2)]$ sind. Wir gehen stattdessen von der Basis

$$\psi_1 = \alpha\,(1)\,\alpha\,(2)$$

$$\psi_2 = \frac{1}{\sqrt{2}}\,[\alpha\,(1)\,\beta\,(2) + \beta\,(1)\,\alpha\,(2)]$$

$$\psi_3 = \frac{1}{\sqrt{2}}\,[\alpha\,(1)\,\beta\,(2) - \beta\,(1)\,\alpha\,(2)] \tag{65}$$

$$\psi_4 = \beta\,(1)\,\beta\,(2)$$

4 *

aus, da diese Funktionen Eigenzustände des ganzen Hamiltonoperators (64) darstellen. Die Eigenwerte sind dann einfach

$$E_1 = \langle \psi_1 \,|\, \mathscr{H}' \,|\, \psi_1 \rangle = -\gamma \hbar H_0 + \tfrac{1}{4} \gamma^2 \hbar^2 r^{-3} (1 - 3 \cos^2 \vartheta)$$
$$E_2 = \langle \psi_2 \,|\, \mathscr{H}' \,|\, \psi_2 \rangle = -\tfrac{1}{2} \gamma^2 \hbar^2 r^{-3} (1 - 3 \cos^2 \vartheta)$$
$$E_3 = \langle \psi_3 \,|\, \mathscr{H}' \,|\, \psi_3 \rangle = 0 \tag{66}$$
$$E_4 = \langle \psi_4 \,|\, \mathscr{H}' \,|\, \psi_4 \rangle = \gamma \hbar H_0 + \tfrac{1}{4} \gamma^2 \hbar^2 r^{-3} (1 - 3 \cos^2 \vartheta) \,.$$

Bei der Diskussion der Übergangsfrequenzen zwischen den Termen (66) ist ein Vergleich mit dem 2-Spin-System der hochaufgelösten magnetischen Kernresonanz in Flüssigkeiten (Kap. III, b, 2) nützlich. Der Hamiltonoperator (64) hat eine große Ähnlichkeit mit dem Hamiltonoperator (15) für $\varepsilon_1 = \varepsilon_2$. (Man beachte aber, daß in (15) die Richtung des Magnetfeldes $\vec{H}_0$ antiparallel zur Richtung der z-Achse gewählt ist.) Aus (15) ergeben sich für $|\varepsilon_1 - \varepsilon_2| \ll J$ zwei nahe beieinander liegende Linien (20) ν_{12} und ν_{24}, die bei verschwindender chemischer Verschiebung

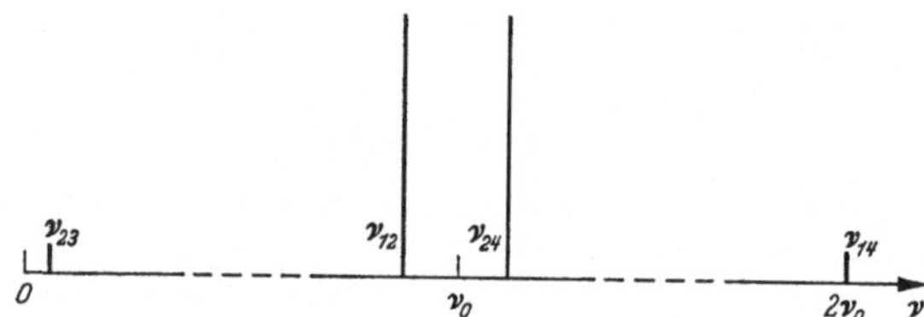

Abb. 10. Frequenzen für das 2-Spin-System im Einkristall

zusammenfallen. Bei der Dipol-Dipol-Kopplung in Festkörpern fallen die entsprechenden Linien nicht zusammen. Vielmehr erhält man aus (66)

$$\nu_{12} = h^{-1} (E_2 - E_1) = \frac{\gamma}{2\pi} [H_0 - \tfrac{3}{4} \gamma \hbar r^{-3} (1 - 3 \cos^2 \vartheta]$$

$$\nu_{24} = h^{-1} (E_4 - E_2) = \frac{\gamma}{2\pi} [H_0 + \tfrac{3}{4} \gamma \hbar r^{-3} (1 - 3 \cos^2 \vartheta)] \,. \tag{67}$$

Wie in Kap. IV, a gezeigt wird, verschwinden die Übergangswahrscheinlichkeiten der Übergänge ν_{13} und ν_{34} in Gl. (20) im Grenzfall $\varepsilon_1 = \varepsilon_2$. Da die Intensitäten auch in Festkörpern proportional zu $|\langle \psi_j \,|\, \boldsymbol{F}_x \,| \,\psi_k \rangle|^2$ sind $[\boldsymbol{F}_x = \boldsymbol{I}_x(1) + \boldsymbol{I}_x(2)]$, verschwinden die Übergänge ν_{13} und ν_{34} zwischen den Termen (66) ebenfalls. In Festkörpern beobachtet man also nur das Dublett der Linien ν_{12} und ν_{24}, deren Abstand durch

$$\nu_{24} - \nu_{12} = \frac{3}{4\pi} \gamma^2 \hbar r^{-3} (1 - 3 \cos^2 \vartheta)$$

gegeben ist. In Abb. 8 sind die Frequenzen für ein 2-Spin-System in Flüssigkeiten im Fall $\nu_0 \delta = J$ und in Abb. 10 die Frequenzen für ein 2-Spin-System im Festkörper aufgezeichnet. Man beachte, daß die

Linien in Abb. 8 einige Hz, in Abb. 10 dagegen einige kHz auseinander liegen. Die relativen Intensitäten der Übergänge

$$v_{14} = \frac{\gamma}{\pi} H_0$$

und

$$v_{23} = \frac{1}{4\pi} \gamma^2 \hbar r^{-3} (1 - 3\cos^2 \vartheta)$$

in Festkörpern sind viel kleiner als in Abb. 10 angegeben. Sie sind jedoch nicht streng verboten wie die entsprechenden Übergänge in Flüssigkeiten (20). Die Eigenzustände (65) bilden ja nur eine Näherung für den exakten Hamiltonoperator (61). Bei einer vollständigen Behandlung des 2-Spin-Systems ($N = 2$) geht ψ_1 in eine Linearkombination

$$\varphi_1 = \sum_k c_k \psi_k$$

über, in der allerdings $c_1 \gg c_2, c_3, c_4$ ist. Trotzdem wird durch die Beimischung der anderen Zustände erreicht, daß $\langle \varphi_1 | F_x | \varphi_4 \rangle$ endlich ist, während $\langle \psi_1 | F_x | \psi_4 \rangle$ verschwindet. Daher besteht eine endliche wenn auch geringe Wahrscheinlichkeit für den Übergang v_{14} mit der doppelten Lamorfrequenz. Analoges gilt für v_{23}.

Man kann auf Grund von (67) die Frequenzverschiebungen von v_{12} und v_{24} gegenüber der Lamorfrequenz $v_0 = \gamma H_0/2\pi$ auch durch eine Verstärkung des Magnetfeldes H_0 um das Dipolfeld $\frac{3}{4} \gamma \hbar r^{-3} (1 - 3\cos^2 \vartheta)$ (bzw. eine Abschwächung um denselben Betrag bei umgekehrter Spinorientierung) deuten. Auf diese Weise kommt man zum Beispiel für das Kristallwasser in Gips ($CaSO_4 \cdot 2\,H_2O$) bei einem Protonenabstand von 1,58 Å im Fall $\vartheta = 0$ zu einem Dipolfeld von 10,8 Oe.

Die Abhängigkeit der Frequenzen (67) vom Winkel ϑ der Kernverbindungslinie mit der Magnetfeldrichtung erlaubt es, die Orientierung etwa der H-H-Richtungen von Kristallwasser relativ zu den Kristallachsen zu bestimmen. Man dreht dazu den Kristall um eine Achse, die senkrecht auf der Magnetfeldrichtung steht und trägt die Frequenzdifferenz gegen den Drehwinkel auf. Aus den Frequenzen bei der Drehung um zwei Kristallachsen läßt sich in jedem Fall sowohl die Orientierung der Kernverbindungslinie im Kristall als auch der Kernabstand r bestimmen.

Liegt bei der Untersuchung die Substanz in polykristalliner Form vor, so erhält man die Linienform, indem man über alle möglichen Lagen eines Kristalls mittelt. Da in dem Gemenge von Kriställchen alle Orientierungen gleich wahrscheinlich sind, erhält man als Wahrscheinlichkeit dafür, daß eine Kernverbindungslinie mit der Feldrichtung einen Winkel zwischen ϑ und $\vartheta + d\vartheta$ bildet, den Wert

$$w(\vartheta)\, d\vartheta = \tfrac{1}{2} \sin\vartheta\, d\vartheta . \tag{68}$$

Dies ist das Verhältnis der Fläche eines Kreisringes zur Oberfläche der Einheitskugel. Nun interessiert uns aber die Wahrscheinlichkeit in Abhängigkeit nicht vom Winkel ϑ sondern von der Frequenzdifferenz

$$\Delta \nu = \nu - \nu_0 = \varepsilon \, \alpha \, (3 \, u^2 - 1) \qquad (69)$$

mit

$$\nu_0 = \gamma \, H_0/2 \, \pi, \quad \alpha = 3 \, \gamma^2 \, \hbar/8 \, \pi \, r^3, \quad u = \cos \vartheta$$

und

$$\varepsilon = \begin{cases} - 1 \text{ für } \nu = \nu_{24} \\ + 1 \text{ für } \nu = \nu_{12} \end{cases} \text{ aus Gl. (67).}$$

Aus (69) folgt

$$u = \frac{1}{\sqrt{3}} \left(\frac{\Delta \nu}{\varepsilon \, \alpha} + 1 \right)^{\frac{1}{2}} .$$

Ersetzt man in (68) $\sin \vartheta \, d \vartheta$ durch

$$- du = \pm \frac{1}{2 \sqrt{3} \, \alpha} \left(\frac{\Delta \nu}{\varepsilon \, \alpha} + 1 \right)^{- \frac{1}{2}} d \, (\Delta \nu) \, ,$$

so erhält man

$$w \, (\vartheta) \, d \, \vartheta = f \, (\Delta \nu) \, d(\Delta \nu) = \frac{1}{4 \sqrt{3} \, \alpha} \left(\frac{\Delta \nu}{\varepsilon \, \alpha} + 1 \right)^{- \frac{1}{2}} d(\Delta \nu) \, .$$

$f(\Delta \nu) > 0$ ist die Wahrscheinlichkeit dafür, daß die Frequenz eines

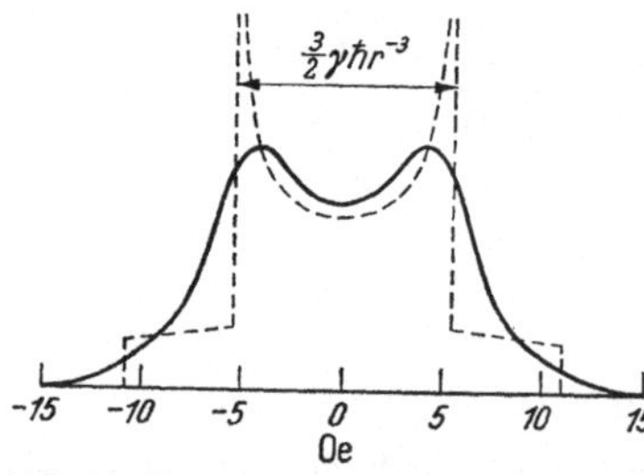

Abb. 11. Protonenresonanz in einem Pulver von CaSO$_4$.2 H$_2$O

Kriställchens der Probe um einen Betrag zwischen $\Delta \nu$ und $\Delta \nu + d \, (\Delta \nu)$ gegenüber ν_0 verschoben ist. Die Funktion $3 \, u^2 - 1$ nimmt Werte von $- 1$ bis 2 an. Nach (69) ist demnach $- \alpha < \Delta \nu < 2 \, \alpha$ der Definitionsbereich von $f(\Delta \, \nu_{12})$. Außerhalb dieses Bereiches setzen wir $f(\Delta \, \nu_{12}) \equiv 0$. Entsprechend ist $- 2 \, \alpha < \Delta \nu < \alpha$ der Definitionsbereich von $f(\Delta \, \nu_{24})$. Im ganzen Intervall $- 2 \, \alpha < \Delta \nu < 2 \, \alpha$ ist $f(\Delta \nu)$ durch die Summe

$$f(\Delta \nu) = f(\Delta \, \nu_{12}) + f(\Delta \, \nu_{24})$$

$$= \frac{1}{4 \sqrt{3} \, \alpha} \left\{ \left(1 + \frac{\Delta \, \nu_{12}}{\alpha} \right)^{- \frac{1}{2}} + \left(1 - \frac{\Delta \, \nu_{24}}{\alpha} \right)^{- \frac{1}{2}} \right\} \qquad (70)$$

gegeben. In Abb. 11 wird $f(\Delta \, \nu)$ durch die gestrichelte Linie wiedergegeben. Berücksichtigt man die Wechselwirkung jedes Dipolpaares mit den magnetischen Momenten aller Kernspins der Probe durch eine endliche Linienbreite für den Einkristall (und Gaußsche Linienform), so erhält man die ausgezogene Linie.

In ähnlicher Weise wie das 2-Spin-System sind Systeme mit drei und vier gleichen Spins behandelt worden. Einzelheiten finden sich in einer Arbeit von BERSOHN und GUTOWSKY[18].

2. Spektralmomente

Die Kopplung aller Spins eines makroskopischen Kristalls läßt sich quantenmechanisch behandeln, indem man gewisse Funktionen der Matrix des Hamiltonoperators (63), die Spektralmomente, berechnet und in Beziehung zur Linienform des Kernresonanzspektrums bringt. Wir werden die Spektralmomente zunächst phänomenologisch einführen und dann ihre Berechnung am Beispiel der Dipol-Dipol-Kopplung in einem Kristall angeben. Zunächst führen wir zur Beschreibung des Kernresonanzspektrums eine Funktion $f(v)$ ein, die der Intensität proportional ist. In einem Linienspektrum, wie wir es in Abb. 10 vor uns haben, ist $f(v)$ gleich einer Summe von δ-Funktionen, die mit Gewichtsfaktoren A_j, den relativen Intensitäten der Übergänge v_j, versehen sind:

$$f(v) = \sum_j A_j \, \delta \, (v - v_j) \, . \tag{71}$$

Bei einem Spektrum mit Linien endlicher Breite und wohldefinierter Linienform (Abb. 11) ist $f(v)$ in jedem Punkt v ein relatives Maß für die Intensität. Der Intensitätsmaßstab wird so gewählt, daß die Fläche unter dem gesamten Spektrum

$$\int_{-\infty}^{+\infty} f(v) \, d\,v = 1 \tag{72}$$

ist. Das n-te Moment M_n in bezug auf die Lamorfrequenz $v_0 = \gamma \, H_0/2\,\pi$ definiert man durch die Gleichung

$$M_n = \int_{-\infty}^{+\infty} (v - v_0)^n \, f(v) \, d\,v \, . \tag{73}$$

Dabei ist vorausgesetzt, daß wir ein System gleicher Spins betrachten, in dem also alle $\gamma_k = \gamma$ sind. Es läßt sich dann leicht zeigen, daß $f(v)$ eine gerade Funktion in bezug auf v_0 ist[*]. Denn es gibt zu jedem Übergang $v = v_0 + \varDelta\,v$ einen Übergang $v' = v_0 - \varDelta\,v$, da in (63) die Terme des ungestörten Hamiltonoperators (siehe auch Gl. (26))

$$\mathscr{H}'_M = -\,\gamma\,\hbar\,H_0\,\boldsymbol{F}_z \tag{74}$$

durch den Störoperator

$$\mathscr{H}'_D = \tfrac{1}{2}\,\gamma^2\,\hbar^2 \sum_{j<k}\sum r_{jk}^{-3}\,(1 - 3\cos^2\vartheta_{jk})$$
$$\{3\,\boldsymbol{I}_z(j)\,\boldsymbol{I}_z(k) - (\vec{\boldsymbol{I}}(j),\,\vec{\boldsymbol{I}}(k))\} \tag{75}$$

[18] BERSOHN R., and H. S. GUTOWSKY: J. chem. Phys. 22, 651 (1954).

[*] Die Methode der Spektralmomente wird auch bei der Analyse von Kernresonanzspektren in Flüssigkeiten verwendet. Hier sind wegen des Einflusses der chemischen Verschiebung nicht alle Spins gleichwertig. Daher ist $f(v)$ im allgemeinen keine gerade Funktion und es kommen auch Momente mit ungeradem n vor.

symmetrisch aufgespalten werden. Ist aber $f(\nu)$ eine gerade Funktion, so verschwinden die Momente für alle ungeraden n. In einem experimentell aufgenommenen Spektrum $f(\nu)$ bestimmt man demnach die Momente M_n, indem man für $n = 2, 4, \ldots$ den Integranden $(\nu - \nu_0)^n f(\nu)$ von (73) konstruiert und dann graphisch integriert.

Bei der theoretischen Behandlung der Momente gehen wir von dem Zusammenhang der Intensität mit der Übergangswahrscheinlichkeit aus, wie er in Kap. IV, a abgeleitet wird. Danach gilt für die Intensität $f(\nu_{jk})$ eines Überganges mit der Frequenz $h^{-1}(E_j - E_k) = \nu_{jk}$:

$$f(\nu_{jk}) = \text{const} \, |\langle j \, | \, \boldsymbol{F}_x \, | \, k \rangle|^2 \,, \tag{76}$$

wenn in x-Richtung ein magnetisches Wechselfeld

$$H_1(t) = H_1 \cos (2 \pi \nu_{jk} t) \tag{77}$$

eingestrahlt wird. Ein Frequenzspektrum im Festkörper, wie es durch den Hamiltonoperator $\mathscr{H}' = \mathscr{H}'_M + \mathscr{H}'_D$ erzeugt wird, besteht aus einem Quasikontinuum von sehr vielen Linien ν_{jk}, die wir der Einfachheit halber als unendlich scharf betrachten wollen. $f(\nu)$ hat dann nach (71) die Form

$$f(\nu) = \sum_j \sum_k A_{jk} \, \delta \, (\nu - \nu_{jk}) = A \sum_j \sum_k |\langle j \, | \, \boldsymbol{F}_x \, | \, k \rangle|^2 \, \delta(\nu - \nu_{jk}) \,.$$

Für das n-te Moment erhalten wir

$$M_n = A \sum_j \sum_k (\nu_{jk} - \nu_0)^n \, |\langle j \, | \, \boldsymbol{F}_x \, | \, k \rangle|^2 \,.$$

Wir haben dabei die Eigenschaft der δ-Funktion

$$\int f(x) \, \delta(x - x') \, dx = f(x')$$

ausgenutzt. Wegen $\int \delta(x - x') \, dx = 1$ und (72) ist

$$1 = \int f(\nu) \, d\nu = A \sum_j \sum_k |\langle j \, | \, \boldsymbol{F}_x \, | \, k \rangle|^2$$

und somit

$$M_n = \frac{\sum_j \sum_k (\nu_{jk} - \nu_0)^n \, |\langle j \, | \, \boldsymbol{F}_x \, | \, k \rangle|^2}{\sum_j \sum_k |\langle j \, | \, \boldsymbol{F}_x \, | \, k \rangle|^2} \,. \tag{78}$$

Im folgenden beschränken wir uns auf die Behandlung des 2. Moments, für das wir zunächst die Beziehung

$$M_2 = \frac{\sum_j \sum_k (\nu_{jk} - \nu_0)^2 \, |\langle j \, | \, \boldsymbol{F}_x \, | \, k \rangle|^2}{\sum_j \sum_k |\langle j \, | \, \boldsymbol{F}_x \, | \, k \rangle|^2} = - \frac{Sp \, \{[\mathscr{H}'_D, \boldsymbol{F}_x]^2\}}{h^2 \, Sp \, \{\boldsymbol{F}_x^2\}} \tag{79}$$

ableiten wollen. Die Spur eines Operators $\boldsymbol{A}$ ist gleich der Summe seiner Diagonalelemente in irgendeiner Matrixdarstellung:

$$Sp \, \{\boldsymbol{A}\} = \sum_j \langle j \, | \, \boldsymbol{A} \, | \, j \rangle \,.$$

Da die Spur gegenüber Ähnlichkeitstransformationen der Matrix invariant ist*, bleibt beim Übergang von einer Darstellung φ_j der Zustände zu einer anderen Darstellung $\psi_j = \sum_k c_{jk}\,\varphi_k$ die Spur des Operators unverändert. Wir wählen in (79) eine Darstellung, in der die Matrix von $\mathcal{H}' = \mathcal{H}'_M + \mathcal{H}'_D$ diagonal ist. Da $\mathcal{H}'$ und $\mathcal{H}'_M$ vertauschbar sind, können die Eigenzustände von $\mathcal{H}'$ so gewählt werden, daß sie zugleich Eigenzustände von $\mathcal{H}'_M$ sind. Diese Eigenzustände sind dann zugleich die der Störung $\mathcal{H}'_D$ angepaßten „richtigen" Linearkombinationen für die entarteten Eigenwerte des ungestörten Hamiltonoperators $\mathcal{H}'_M$. Sei E_k der Eigenwert von $\mathcal{H}'$ zum Eigenzustand ψ_k, so bezeichnen wir mit E_k^0 den Eigenwert von $\mathcal{H}'_M$ zum selben Zustand. Demnach gilt für die Matrixelemente von $\mathcal{H}'_D$:

$$\langle\, j\,|\,\mathcal{H}'_D\,|\,k\,\rangle = \langle\, j\,|\,\mathcal{H}' - \mathcal{H}'_M\,|\,k\,\rangle = (E_k - E_k^0)\,\delta_{jk}\;.$$

Für die Übergangsfrequenzen erhalten wir $E_j - E_k = h\,\nu_{jk}$ und $E_j^0 - E_k^0 = h\,\nu_0$ für $j - k = \Delta m = \pm 1$.

Bei einem Absorptionsspektrum müßte man genau genommen Übergänge $E_j - E_k < 0$, die der Emission eines Energiequants entsprechen, ausschließen. Wie in Kap. IV, a näher erläutert wird, sind jedoch die Übergangswahrscheinlichkeiten der durch (77) induzierten Übergänge für Absorption und Emission gleich. Daher können wir in (79) über alle j und k summieren, obwohl (76) nur für Absorptionsübergänge gilt. Denn der Faktor 2, der sich durch die fehlerhafte Summation ergibt, tritt im Zähler und im Nenner auf. Es ist noch zu bemerken, daß wegen der Auswahlregel $\Delta m = \pm 1$, die ebenfalls in Kap. IV, a erläutert wird, für alle Übergänge, die nicht in der Umgebung der Lamorfrequenz ν_0 liegen, $|\langle\, j\,|\,\boldsymbol{F}_x\,|\,k\,\rangle|^2 = 0$ wird. Wie wir schon bei der Behandlung des 2-Spin-Systems gesehen haben, würden bei einer exakten Rechnung, die von dem Hamiltonoperator (61) ausgehen müßte, endliche Übergangswahrscheinlichkeiten in der Umgebung von 0, $2\,\nu_0$, $3\,\nu_0$, $\ldots$, $N\,\nu_0$ auftreten, die wegen des Faktors $(\nu_{jk} - \nu_0)^n$ in (78) große Beiträge zu den Momenten liefern. Da die experimentell bestimmten Momente sich nur auf Linien in der Umgebung von ν_0 beziehen, entsprechen sie gerade den Ausdrücken, die sich aus $\mathcal{H}'$ mit der Auswahlregel $\Delta m = \pm 1$ ergeben.

Nach diesen Vorbemerkungen sind zum Beweis von (79) nur noch die Spuren von $\boldsymbol{F}_x^2$ und $[\mathcal{H}'_D, \boldsymbol{F}_x]^2$ explizit hinzuschreiben:

$$Sp\,\{\boldsymbol{F}_x^2\} = \sum_j \langle\, j\,|\,\boldsymbol{F}_x^2\,|\,j\,\rangle = \sum_j \sum_k \langle\, j\,|\,\boldsymbol{F}_x\,|\,k\,\rangle\langle\, k\,|\,\boldsymbol{F}_x\,|\,j\,\rangle$$

$$= \sum_j \sum_k |\langle\, j\,|\,\boldsymbol{F}_x\,|\,k\,\rangle|^2\;.$$

---

* Zum Beweis zeigt man zunächst für irgend zwei quadratische Matrizen A und B: $Sp\,\{AB\} = \sum_j (AB)_{jj} = \sum_j \sum_k A_{jk}\,B_{kj} = \sum_k (BA)_{kk} = Sp\,\{BA\}$). Somit ist $Sp\,\{B^{-1}\,AB\} = Sp\,\{B^{-1}\,BA\} = Sp\,\{A\}$, was zu beweisen war.

$$Sp\{[\mathcal{H}'_D, F_x]^2\} = \sum_j \langle j \mid (\mathcal{H}'_D F_x - F_x \mathcal{H}'_D)^2 \mid k \rangle$$

$$= \sum_j \sum_k \sum_l \sum_m \{(E_k - E_k^0)\, \delta_{jk} \langle k \mid F_x \mid l \rangle\, (E_m - E_m^0)\, \delta_{lm} \langle m \mid F_x \mid j \rangle$$

$$+\; 3 \text{ analog zu bildende Summanden}\}$$

$$= -\, h^2 \sum_j \sum_k (\nu_{jk} - \nu_0)^2 \mid \langle j \mid F_x \mid k \rangle \mid^2 .$$

Damit ist (79) verifiziert. Es wurde dabei wiederholt von der Zerlegung des Einheitsoperators

$$1 = \sum_k \mid k \rangle \langle k \mid$$

Gebrauch gemacht.

Im weiteren Verlauf der Berechnung des 2. Momentes wird der Hamiltonoperator (75) in (79) eingesetzt und die Matrixelemente werden bestimmt. Zunächst ist nach (75)

$$[\mathcal{H}'_D, F_x] = \tfrac{3}{2}\, \gamma^2\, \hbar^2 \sum_{j<k} r_{jk}^{-3}\, (1 - 3\cos^2 \vartheta_{jk})\, [I_z(j)\, I_z(k), \sum_l I_x(l)] . \qquad (80)$$

Dabei ist schon die Vertauschbarkeit von $F_x = \sum_l I_x(l)$ mit den skalaren

Produkten $(\vec{I}(j), \vec{I}(k))$ berücksichtigt. Außerdem ist $I_z(j)\, I_z(k)$ mit allen Summanden $I_x(l)$ vertauschbar, für die $l \neq j, k$ ist. Aus den Vertauschungsrelationen ergibt sich, wenn man noch die Operatoren I_+ und I_- einführt,

$$[I_z(j)\, I_z(k), I_x(j) + I_x(k)]$$
$$= \tfrac{1}{2}\, \{[I_+(j) - I_-(j)]\, I_z(k) + I_z(j)\, [I_+(k) - I_-(k)]\}$$
$$= K(j, k) .$$

Dies ergibt für den Zähler von (79)

$$Sp\{[\mathcal{H}'_D, F_x]^2\} = \tfrac{9}{4}\, \gamma^4\, \hbar^4 \sum_{j<k} \sum_{j'<k'} r_{jk}^{-3}\, r_{j'k'}^{-3}\, (1 - 3\cos^2 \vartheta_{jk})\, (1 - 3\cos^2 \vartheta_{j'k'})$$

$$\sum_m \langle m \mid K(j, k)\, K(j', k') \mid m \rangle .$$

Wir verzichten auf die einfache aber langwierige Berechnung der Matrixelemente und geben nur das Ergebnis an:

$$Sp\{[\mathcal{H}'_D, F_x]^2\} = -\tfrac{1}{2}\, \gamma^4\, \hbar^4\, I^2\, (I + 1)^2\, (2I + 1)^N \sum_{j<k} r_{jk}^{-6}\, (1 - 3\cos^2 \vartheta_{jk})^2.$$

. Da die Oberfläche des Kristalls keinen Einfluß auf die Doppelsumme hat, genügt es im Fall kristallographisch äquivalenter Spins*, wenn wir die Summe für einen repräsentativen Spin ausrechnen und das Ergebnis mit der Zahl N der Spins multiplizieren. Bedenken wir noch, daß $\sum\sum_{j<k} \dots$

$= \tfrac{1}{2} \sum\sum_{j\neq k} \dots$ ist, so erhalten wir

$$\sum_{j<k}\sum r_{jk}^{-6}\, (1 - 3\cos^2 \vartheta_{jk})^2 = \frac{N}{2} \sum_k r_k^{-6}\, (1 - 3\cos^2 \vartheta_k)^2 .$$

---

* Alle Kernspins, bei denen die Kerne durch die Symmetrieoperationen der Raumgruppe des Kristalls ineinander überführt werden, heißen kristallographisch äquivalent.

$\vec{r}_k$ ist der Ortsvektor des k-ten Spins bezogen auf den Ort eines herausgegriffenen Spins als Nullpunkt. ϑ_k ist der Winkel von $\vec{r}_k$ mit der Magnetfeldrichtung $\vec{H}_0$. Für den Nenner von (79) erhalten wir

$$Sp\ \{F_x^2\} = \sum_k \sum_m \langle\, m \mid \boldsymbol{I}_x\,(k)^2 \mid m\,\rangle = \tfrac{1}{3}\,N\,I\,(I+1)\,(2\,I+1)^N\ .$$

Somit ergibt sich für das zweite Moment der zuerst von VAN VLECK abgeleitete Ausdruck

$$M_2 = \frac{3}{16\,\pi^2}\,\gamma^4\,\hbar^2\,I\,(I+1)\,\sum_k r_k^{-6}\,(1 - 3\cos^2\vartheta_k)^2\ . \tag{81}$$

Zur Berechnung des 2. Moments in einem Kristallpulver bildet man den Mittelwert von (81) über alle Kristallorientierungen und erhält so

$$M_2 = \frac{3}{20\,\pi^2}\,\gamma^4\,\hbar^2\,I\,(I+1)\,\sum_k r_k^{-6}\ . \tag{82}$$

Die numerische Berechnung der gut konvergierenden Summen in (81) und (82) macht keine Schwierigkeiten. Bilden zum Beispiel die Spins im Kristall ein einfach primitives kubisches Gitter, so ist

$$\sum_k r_k^{-6} = 8{,}5\ d^{-6}\ ,$$

wobei d die Gitterkonstante bedeutet, die demnach aus dem 2. Moment der Kernresonanzlinie in einem Kristallpulver bestimmt werden kann. Bei komplizierteren Gittern treten in der Summe (81) die Abstände zwischen allen Spins sowie die Orientierungen der Spin-Verbindungslinien im Kristall auf. Eine unabhängige Bestimmung all dieser Parameter aus dem Kernresonanzspektrum wäre im Prinzip möglich, wenn auch die höheren Momente des Spektrums bestimmt werden könnten. Da sich die Resonanzlinien jedoch in der Regel nur wenig vom Rauschen abheben, ist meist schon die Bestimmung des 4. und 6. Moments ziemlich ungenau. Außerdem werden die theoretischen Ausdrücke für die höheren Momente sehr kompliziert. Daher ist die Bestimmung von Gitterparametern mit Hilfe der kernmagnetischen Resonanz in komplizierter gebauten Kristallen meist nicht möglich.

Es läßt sich jedoch zeigen, daß für eine Resonanz mit Gaußscher Linienform

$$f(\nu) = \frac{1}{\sigma\,\sqrt{2\,\pi}}\ e^{-\dfrac{(\nu - \nu_0)^2}{2\,\sigma^2}}$$

für die Momente der einfache Zusammenhang

$$M_4 = 3\,M_2^2,\ M_6 = 15\,M_2^3,\ \ldots,$$

$$M_{2n} = 1\cdot 3\cdot 5\cdot\ \ldots\ \cdot(2\,n-1)\,M_2^n$$

besteht. An Hand dieser Beziehungen läßt sich leicht die Abweichung einer experimentell bestimmten Resonanzlinie von einer Gaußkurve abschätzen. Diese Abweichung ist in vielen Fällen zu vernachlässigen. Daher nimmt man bei allgemeinen theoretischen Betrachtungen über die Kernresonanz in Festkörpern oft eine Gaußkurve für die Form der Resonanzlinie an.

e) Chemische Verschiebung in paramagnetischen Verbindungen und Metallen

In Kap. III, c haben wir die Behandlung der Kernspin-Elektronenspin-Wechselwirkung auf diamagnetische Verbindungen beschränkt. Lassen wir diese Einschränkung fallen, so werden die magnetischen Kernresonanzfrequenzen in vielen Fällen allein durch (41 b), (42), (55) und (56)

$$\mathcal{H} = \mathcal{H}_M + \mathcal{H}_2 + \mathcal{H}_6 + \mathcal{H}_7 \tag{83a}$$

$$\mathcal{H}_M = -\hbar \sum_{k=1}^{N} \gamma_k (\vec{H}_0, \vec{I}(k)) \tag{83b}$$

$$\mathcal{H}_2 = 2\beta \sum_{l=1}^{n} \sum_{k=1}^{N} \gamma_k r_{kl}^{-3} (\vec{r}_{kl} \times \vec{p}_l, \vec{I}(k)) \tag{83c}$$

$$\mathcal{H}_6 = 2\beta\hbar \sum_{l=1}^{n} \sum_{k=1}^{N} \gamma_k \left\{ -\frac{(\vec{s}(l), \vec{I}(k))}{r_{kl}^3} + 3\frac{(\vec{s}(l), \vec{r}_{kl})(\vec{I}(k), \vec{r}_{kl})}{r_{kl}^5} \right\} \tag{83d}$$

$$\mathcal{H}_7 = \frac{16\pi}{3}\beta\hbar \sum_{l=1}^{n} \sum_{k=1}^{N} \gamma_k (\vec{s}(l), \vec{I}(k)) \delta(\vec{r}_{kl}) \tag{83e}$$

bestimmt, während alle anderen Kopplungen zu vernachlässigen sind. Die Theorie der Kernresonanz in Metallen unterscheidet sich von der in paramagnetischen Verbindungen insofern, als in einem Metall die Wechselwirkung der Spinmomente aller Leitungselektronen mit einem magnetischen Kernmoment quantenmechanisch behandelt werden muß, während in einem paramagnetischen Kristall der Einfluß weiter entfernt liegender paramagnetischer Ionen auf das magnetische Kernmoment durch ein klassisches magnetisches Dipolfeld beschrieben werden kann.

Die Erscheinungen des Ferromagnetismus, Antiferromagnetismus und Ferrimagnetismus, die durch starke magnetische Kopplungen der Elektronen untereinander verursacht werden, zeigen sich in der kernmagnetischen Resonanz durch sehr starke Frequenzverschiebungen, die jedoch im Rahmen dieser kurzen Einführung nicht behandelt werden können.

1. Paramagnetische Verbindungen

Bei der Ableitung der Kernresonanzfrequenzen in einem paramagnetischen Kristall gehen wir zweckmäßig von außen nach innen und behandeln zuerst den Teil der Kopplungen, der sich durch ein klassisches magnetisches Dipolfeld beschreiben läßt.

Unter dem Einfluß eines äußeren Magnetfeldes $\vec{H}_0$ richten sich die vorher regellos orientierten permanenten magnetischen Dipolmomente der paramagnetischen Elektronen in eine Vorzugsrichtung aus und erteilen dadurch dem Kristall eine makroskopische Magnetisierung*

$$\vec{M} = \hat{\chi} \cdot \vec{H}_0 \tag{84}$$

$\hat{\chi}$, die paramagnetische Volumensuszeptibilität, ist im allgemeinen ein Tensor. In kubischen Kristallen ist dieser Tensor isotrop und wir verstehen unter dem Buchstaben χ ein Drittel seiner Spur.

Die Magnetisierung des Kristalls läßt sich quantitativ beschreiben durch die Annahme einer scheinbaren magnetischen Flächenladung auf seiner Oberfläche. Durch diese Flächenladung wird im Innern des Kristalls ein $\vec{H}_0$ entgegengerichtetes Magnetfeld $- \alpha \vec{M}$ erzeugt. α ist von der Kristallform abhängig und im allgemeinen eine Ortsfunktion im Kristall. In einigen Fällen ist α konstant und wird als Demagnetisierungsfaktor bezeichnet. So ergibt sich zum Beispiel für eine senkrecht zu $\vec{H}_0$ orientierte unendlich ausgedehnte Platte $\alpha = 4\,\pi$, für eine Kugel $\alpha = 4\,\pi/3$ und für einen $\vec{H}_0$ parallelen unendlich langen Zylinder $\alpha = 0$. Das Feld $- \alpha \vec{M}$ ist meist ziemlich schwach. Zum Beispiel ergibt sich für MnF_2 bei Zimmertemperatur $4\,\pi\,M/3 \approx 20$ Oe bei $H_0 = 10^4$ Oe.

$\vec{H}' = \vec{H}_0 - \alpha \vec{M}$ wäre das Magnetfeld in einem homogenen Medium der Magnetisierung $\vec{M}$. Das wirksame Magnetfeld am Ort eines Atomkerns ist jedoch wesentlich durch die mikroskopische Struktur des Kristalls bestimmt. Um dieser Schwierigkeit zu begegnen, berechnen wir den Einfluß der magnetischen Dipole, die den betrachteten Atomkern innerhalb eines Abstandes R von etwa 50 bis 100 Å umgeben, durch direkte Summation und sehen erst außerhalb R den Kristall als homogenes Medium mit der Magnetisierung $\vec{M}$ an. Das wirksame Feld am Ort eines Atomkerns ist somit

$$\vec{H} = \vec{H}_0 - \alpha \vec{M} + \frac{4\,\pi}{3} \vec{M} + \vec{H}^{\mathrm{dip}} + \vec{H}^{\mathrm{hyp}} . \tag{85}$$

Das Feld $4\,\pi\,\vec{M}/3$ wird durch die Magnetisierung des Kristalls außerhalb R verursacht und kann verstanden werden, wenn man auf der Kugeloberfläche eine scheinbare magnetische Ladung annimmt, wie wir sie schon zur Erklärung des Demagnetisierungsfeldes $- \alpha \vec{M}$ herangezogen

---

* Gleichung (84) ist nur in Näherung richtig. Genauer ist $\vec{M} = \hat{\chi} \cdot \vec{H}'$, wobei $\vec{H}' = \vec{H}_0 - \alpha \vec{M}$ das Magnetfeld in der homogen angenommenen Materie bedeutet. Bei isotroper Suszeptibilität χ ergibt sich $\vec{M} = (\chi^{-1} + \alpha)^{-1} \vec{H}_0 \approx \chi \vec{H}_0$. Eine Diskussion des analogen elektrostatischen Falles geben R. Becker und F. Sauter in ihrem Buch: Theorie der Elektrizität I, 17. Aufl., § 25–30. Stuttgart. Teubner-Verlag, 1962.

haben. Bei einem zu einer Kugel geschliffenen Kristall ist $\alpha = 4\,\pi/3$. Daher wirkt am Ort des betrachteten Kerns außer $\vec{H}_0$ nur noch das Feld $\vec{H}^{\text{dip}} + \vec{H}^{\text{hyp}}$, das von den magnetischen Momenten im Innern der Kugel erzeugt wird. Der Hyperfeinstrukturanteil $\vec{H}^{\text{hyp}}$ dieses Feldes wird weiter unten behandelt.

Zur Berechnung des Dipolfeldes $\vec{H}^{\text{dip}}$ nehmen wir an jedem der paramagnetischen Ionen ein Dipolmoment $\langle\,\vec{\mu}\,\rangle$ an, das sich aus der Suszeptibilität $\hat{\chi}$ der Probe ermitteln läßt. Denn die Magnetisierung $\vec{M}$ hat für ein Molvolumen V_M, in dem sich N_L paramagnetische Ionen befinden, den Wert

$$\vec{M} = \hat{\chi} \cdot \vec{H}_0 = \frac{N_L}{V_M}\langle\,\vec{\mu}\,\rangle\,. \tag{86}$$

Führen wir noch an Stelle der Volumensuszeptibilität $\hat{\chi}$ die Molsuszeptibilität $\hat{\chi}_M = \hat{\chi}\,V_M$ ein, so erhält man aus (86)

$$\langle\,\vec{\mu}\,\rangle = \frac{1}{N_L}\,\hat{\chi}_M \cdot \vec{H}_0\,. \tag{87}$$

$\langle\,\vec{\mu}\,\rangle$ ist der durch die Boltzmann-Statistik gegebene thermische Mittelwert des Dipolmomentes $\vec{\mu}$ eines paramagnetischen Ions. Bei isotroper Suszeptibilität folgt aus der Boltzmann-Statistik in guter Näherung $\langle\,\vec{\mu}\,\rangle = \mu^2\,\vec{H}_0/3\,k\,T$. Die Ursache dafür, daß $\langle\,\vec{\mu}\,\rangle$ und nicht $\vec{\mu}$ das Dipolfeld am Kernort bestimmt, liegt in der häufigen Umorientierung der Elektronenspins. Durch die starke Kopplung der Elektronenspins untereinander liegt die Lebensdauer einer Elektronenspinorientierung nur bei etwa 10^{-12} sec und ist damit um viele Größenordnungen kürzer als die der Kernspinorientierungen. Daher wird für den Kernspin nur der zeitliche Mittelwert des Dipolfeldes wirksam.

Nach Gl. (II, 4) erhalten wir für das Dipolfeld am Ort eines Atomkerns*

---

* Zwischen den Gln. (88) und (83) scheint auf den ersten Blick ein Widerspruch vorzuliegen. Es ist jedoch zu beachten, daß in (83c) $\hbar^{-1}\,(\vec{r}_{kl} \times \vec{p}_l)$ der Bahndrehimpuls des l-ten Elektrons in bezug auf den k-ten Kern ist. Nur wenn l und k zum selben Ion gehören, ist $\beta\,\hbar^{-1}\,(\vec{r}_{kl} \times \vec{p}_l)$ das magnetische Bahnmoment des l-ten Elektrons. Denken wir uns das Bahnmoment $\vec{\mu}_B$ eines Elektrons wie in Kap. II, a durch einen Kreisstrom i auf einem Ring vom Radius ϱ erzeugt, so ergibt sich nach Gleichung (II, 6a) $\vec{\mu}_B = i\,\pi\,\varrho^2\vec{n}/c$. Das heißt in einem Abstand $r \gg \varrho$ erzeugt $i\,\pi\,\varrho^2\,\vec{n}/c$ das gleiche Magnetfeld (II, 4) wie ein magnetisches Moment $\vec{\mu}_B$. Im Mittelpunkt des Ringes erzeugt der Kreisstrom i jedoch nach dem Biot-Savartschen Gesetz ein anderes Magnetfeld $2\,\pi\,i\,\vec{n}/c\varrho = 2\,\vec{\mu}_B/\varrho^3$. Für die Wechselwirkung des magnetischen Kernmoments mit dem Feld des Kreisstroms i gilt daher (83c) mit $\vec{r} \equiv \vec{\varrho}$ und $\vec{\mu}_B = \beta\,\hbar^{-1}\,(\vec{\varrho} \times \vec{p})$, wenn Elektron und Kern zum selben Ion gehören. (88) gilt für die Wechselwirkung eines Kernmomentes mit den magnetischen Momenten der Elektronen benachbarter Ionen.

$$\vec{H}^{\text{dip}} = \sum_j \left\{ -\frac{\langle \vec{\mu} \rangle}{r_j^3} + 3\frac{(\langle \vec{\mu} \rangle, \vec{r}_j)\,\vec{r}_j}{r_j^5} \right\}$$

$$= \frac{1}{N_L} \sum_j \left\{ -\frac{\hat{\chi}_M \cdot \vec{H}_0}{r_j^3} + 3\frac{(\hat{\chi}_M \cdot \vec{H}_0,\,\vec{r}_j)\,\vec{r}_j}{r_j^5} \right\}, \tag{88}$$

wobei die Summe über alle paramagnetischen Ionen in der Kugel vom Radius R läuft. $\vec{r}_j$ ist der Ortsvektor des j-ten Ions bezogen auf den betrachteten Kern als Nullpunkt. Das Dipolmoment eines dem betrachteten Kern unmittelbar benachbarten paramagnetischen Ions kann streng genommen nicht mehr durch einen Punktdipol $\langle \vec{\mu} \rangle$ im Mittelpunkt des Ions beschrieben werden. Allerdings macht man bei der Annahme eines Punktdipols nur einen relativ kleinen Fehler, der zum Beispiel in $KNiF_3$ bei 3 bis 4 % liegt[19]. Die Summe (88) läßt sich mit einer elektronischen Rechenmaschine ohne Schwierigkeit ausrechnen[20]. Bei tetragonaler Punktsymmetrie am betrachteten Atomkern und isotroper Suszeptibilität (siehe unten) vereinfacht sich (88) zu

$$H_x^{\text{dip}} = -\frac{\chi_M}{2\,N_L} H_x \sum_j r_j^{-3} (3\cos^2 \vartheta_j - 1)$$

$$H_y^{\text{dip}} = -\frac{\chi_M}{2\,N_L} H_y \sum_j r_j^{-3} (3\cos^2 \vartheta_j - 1) \tag{89}$$

$$H_z^{\text{dip}} = \frac{\chi_M}{N_L} H_z \sum_j r_j^{-3} (3\cos^2 \vartheta_j - 1)\,.$$

ϑ_j ist der Winkel des Ortsvektors $\vec{r}_j$ mit der tetragonalen Achse, die als z-Achse eines kartesischen Koordinatensystems gewählt wird.

Den Hyperfeinstrukturanteil $\vec{H}^{\text{hyp}}$ des Feldes (85) wollen wir nicht mehr in voller Allgemeinheit sondern an Hand des Beispiels $KMnF_3$ diskutieren. $KMnF_3$ kristallisiert in der kubischen Perovskit-Struktur (Abb. 12), in der Mn^{2+} oktaedrisch von sechs F^--Ionen umgeben ist, während jedes F^--Ion 2 Mn^{2+}-Ionen als nächste Nachbarn hat. S h u l m a n und K n o x[21] haben die kernmagnetische Resonanz von F^{19} in einem Einkristall von $KMnF_3$ untersucht. Die Kernresonanz jedes Fluorkerns läßt

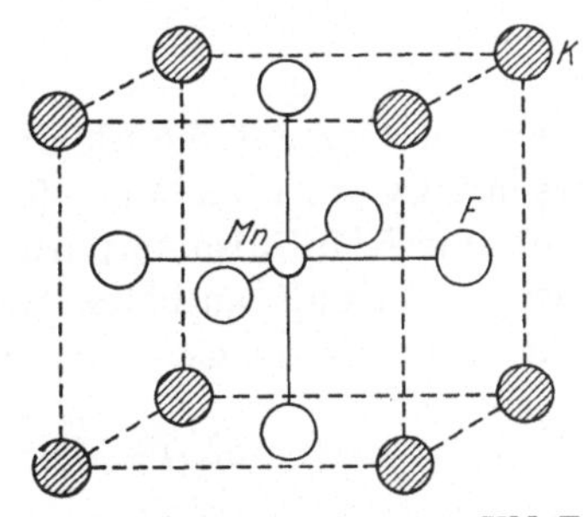

Abb. 12. Kristallstruktur von $KMnF_3$

sich phänomenologisch durch einen Hamiltonoperator der Form

$$\mathscr{H} = -\gamma\,\hbar\,(\vec{H}_0,\,\vec{I}) - \gamma\,\hbar\,\vec{H}_0 \cdot \mathscr{A} \cdot \vec{I} \tag{90}$$

[19] SHULMAN, R. G., and S. SUGANO: Phys. Rev. 130, 506 (1963).
[20] DE WETTE, F. W., and G. E. SCHACHER: Phys. Rev. 137A, 78 (1965).
[21] SHULMAN, R. G. und K. KNOX: Phys. Rev. 119, 94 (1960).

beschreiben. $\mathscr{A}$ ist ein rotationssymmetrischer Tensor, dessen Achsenrichtungen durch die Symmetrie des Kristalls festgelegt sind. Für den Fluorkern in $\{\frac{1}{2}\,\frac{1}{2}\,0\}$ (Abb. 12) bezeichnen wir mit $A_{||}$ die Komponente in z-Richtung und mit $A_\perp$ die Komponente in x- bzw. y-Richtung. In einem kugelförmigen Kristall (verschwindendes Demagnetisierungsfeld) ist $\mathscr{A} = \mathscr{A}^{\mathrm{dip}} + \mathscr{A}^{\mathrm{hyp}}$. Der Tensor $\mathscr{A}^{\mathrm{dip}}$ ist durch die Dipolsumme (89) bestimmt. Die numerische Summation ergibt für $\vec{H}_0\,||\,z$-Achse[21]

$$H_{||}^{\mathrm{dip}} = A_{||}^{\mathrm{dip}}\, H_0 = 6{,}98 \cdot 10^{-3}\, H_0. \tag{91}$$

Wegen Spur $\{\mathscr{A}^{\mathrm{dip}}\} = 0$ ist $A_\perp^{\mathrm{dip}} = -\frac{1}{2}\, A_{||}^{\mathrm{dip}}$. Für den Übergang zwischen den beiden Termen $(I = \frac{1}{2})$ des Hamiltonoperators (90) erhalten wir die Frequenzen

$$\nu_{||} = \frac{\gamma}{2\,\pi}\, H_0\, (1 + A_{||}) = \frac{\gamma}{2\,\pi}\, H_0\, (1 + A_{||}^{\mathrm{dip}} + A_{||}^{\mathrm{hyp}}) \tag{92a}$$

für $\vec{H}_0\,||\,z$-Achse und

$$\nu_\perp = \frac{\gamma}{2\,\pi}\, H_0\, (1 + A_\perp) = \frac{\gamma}{2\,\pi}\, H_0\, (1 + A_\perp^{\mathrm{dip}} + A_\perp^{\mathrm{hyp}}) \tag{92b}$$

für $\vec{H}_0 \perp z$-Achse. Aus diesen beiden Frequenzen lassen sich $A_{||}$ und $A_\perp$ und demnach mit (91) die Komponenten $A_{||}^{\mathrm{hyp}}$ und $A_\perp^{\mathrm{hyp}}$ des Hyperfeinstrukturtensors bestimmen. Aus den Messungen von SHULMAN und und KNOX[21] ergibt sich

$$A_{||}^{\mathrm{hyp}} = 2{,}272 \cdot 10^{-2}$$
$$A_\perp^{\mathrm{hyp}} = 2{,}201 \cdot 10^{-2}. \tag{93}$$

Es erscheint an dieser Stelle sinnvoll, den Zusammenhang der Kernresonanz in paramagnetischen Verbindungen mit der paramagnetischen Elektronenresonanz aufzuzeigen. Wir wählen als Beispiel wieder $KMnF_3$, in dem von OGAWA[22] die Elektronenresonanz untersucht worden ist. Die Messungen wurden an Mn^{2+}-Ionen durchgeführt, die in geringer Menge in den mit $KMnF_3$ isomorphen diamagnetischen Verbindungen $KMgF_3$, $KCdF_3$ und $KCaF_3$ enthalten waren. Der Spin-Hamiltonoperator für die Elektronenresonanz hat in diesem Fall die Form

$$\mathscr{H} = \mathscr{H}_{el} + \widetilde{A}_{Mn}\, (\vec{S},\, \vec{I}) + \sum_{N=1}^{6} \vec{S} \cdot \widetilde{\mathscr{A}}^N \cdot \vec{I}^N. \tag{94}$$

$S = \frac{5}{2}$ ist der Gesamtspin der Elektronen von Mn^{2+}. In $\mathscr{H}_{el} = g\,\beta\,(\vec{H}_0,\, \vec{S}) + (a/6)\, \{S_x^4 + S_y^4 + S_z^4 - (1/5)\, S\,(S + 1)\,(3\,S^2 - 3\,S - 1)\}$ ist die Wechselwirkung des magnetischen Moments $-\,g\,\beta\,\vec{S}$ von Mn^{2+} mit dem äußeren Magnetfeld und die Feinstrukturkopplung zusammengefaßt. $\widetilde{A}_{Mn}\,(\vec{S},\, \vec{I})$ ist die Hyperfeinstrukturkopplung mit dem magnetischen

---

[22] OGAWA, S.: J. Phys. Soc. Japan **15**, 1475 (1960).

Kernmoment von Mn^{55}. $\sum\limits_{N=1}^{6} \vec{S} \cdot \widetilde{\mathscr{A}}^N \cdot \vec{I}$ schließlich ist die sog. Superhyperfeinstrukturkopplung des magnetischen Elektronenmomentes von
Mn^{2+} mit den magnetischen Kernmomenten der sechs benachbarten
F^{19}-Kerne. $\widetilde{A}_{Mn}$ und die Komponenten der Tensoren $\widetilde{\mathscr{A}}^N$ werden gewöhnlich in Einheiten cm^{-1} angegeben. Zur Umrechnung des Tensors $\widetilde{\mathscr{A}}^N$ in
den Tensor $\mathscr{A} = \mathscr{A}^{dip} + \mathscr{A}^{hyp}$ von Gl. (90) vergleichen wir den Operator

$$\widetilde{\mathscr{H}}_I = h\, c\, \vec{S} \cdot \widetilde{\mathscr{A}} \cdot \vec{I} \tag{95}$$

für die Superhyperfeinstrukturkopplung mit dem F^{19}-Kern in $\{\tfrac{1}{2}\,\tfrac{1}{2}\,0\}$
(Abb. 12) mit dem entsprechenden Operator

$$\mathscr{H}_I = -\gamma\, \hbar\, \vec{H}_0 \cdot \mathscr{A} \cdot \vec{I} \tag{96}$$

aus Gl. (90). Die Konstanten h und c (Lichtgeschwindigkeit) in $\widetilde{\mathscr{H}}_I$
wurden aus Dimensionsgründen eingeführt. $\mathscr{H}_I$ geht aus $\widetilde{\mathscr{H}}_I$ hervor,
wenn man in $\widetilde{\mathscr{H}}_I$ das magnetische Moment $-g\beta\,\vec{S}$ durch den thermischen Mittelwert (87)

$$-g\beta\,\langle\,\vec{S}\,\rangle = \langle\,\vec{\mu}\,\rangle = \frac{\chi_M}{N_L}\,\vec{H}_0 \tag{97}$$

ersetzt. Es ist jedoch noch zu beachten, daß der Dipolanteil von $\mathscr{A}$ in
$KMnF_3$ von allen Mn^{2+}-Ionen der Umgebung erzeugt wird, während
der Dipolanteil von $\widetilde{\mathscr{A}}$ in den diamagnetisch verdünnten Kristallen
[z. B. $KCd(Mn)F_3$] nur von einem Mn^{2+}-Ion herrührt. Setzen wir

$$\widetilde{\mathscr{A}} = \widetilde{\mathscr{A}}^{dip} + \widetilde{\mathscr{A}}^{hyp} ,$$

so folgt aus (95), (96) und (97)

$$h\, c\, \langle\,\vec{S}\,\rangle \cdot \widetilde{\mathscr{A}}^{hyp} \cdot \vec{I} = -\frac{h\, c\, \chi_M}{g\,\beta\, N_L}\,\vec{H}_0 \cdot \widetilde{\mathscr{A}}^{hyp} \cdot \vec{I}$$

$$= -\gamma\, \hbar\, \vec{H}_0 \cdot \widetilde{\mathscr{A}}^{hyp} \cdot \vec{I} .$$

Somit ist der aus der Elektronenresonanz gewonnene Superhyperfein-
strukturtensor $\widetilde{\mathscr{A}}^{hyp}$ durch die Beziehung

$$\widetilde{\mathscr{A}}^{hyp} = \frac{\gamma\, g\, \beta\, N_L}{2\,\pi\, c\, \chi_M}\,\mathscr{A}^{hyp} \tag{98}$$

mit dem Tensor $\mathscr{A}^{hyp}$ der Gln. (90) und (92) verknüpft. Die Beziehung (98)
gilt jedoch nur für $g \approx 2$[23].

Zur Verknüpfung von $\mathscr{A}^{hyp}$ (bzw. $\widetilde{\mathscr{A}}^{hyp}$) mit der Elektronenstruktur
in $KMnF_3$ gehen wir von der Näherung der Molekülzustände in der ein-
fachen Form aus, wie sie für ein 2-atomiges Molekül in Kap. V, d (Anhang)

---

[23] Am Beispiel von $KCoF_3$ werden die Verhältnisse für einen stark anisotropen
g-Tensor in einer Arbeit von K. HIRAKAWA in: J. Phys. Soc. Japan **19**, 1679 (1964),
diskutiert.

skizziert ist. Wir machen dabei die Annahme, daß man die Hyperfeinstruktur eines F^{19}-Kerns additiv aus Anteilen einfacher Mn-F-Bindungen zusammensetzen kann (independent bonding model[24]). An der Hyperfeinstrukturkopplung zwischen einem Mn^{2+}-Ion und einem F^{19}-Kern sind wegen des Gesamtspins $S = \frac{5}{2}$ von Mn^{2+} fünf Elektronen beteiligt. Demnach ergäben sich aus den Gln. (V, 54) und (V, 55) für den Bruchteil der Mn^{2+}-Elektronen, die sich in den Zuständen ψ_{2s} bzw. ψ_{2p_z} eines F^--Ions aufhalten, die Werte

$$f_s = 5\, A_s/A_s^{at}$$
$$f_p = 5\, A_\sigma/A_{pz}^{at}, \tag{99}$$

wenn man eine reine σ-Bindung zwischen Mn^{2+} und F^- annehmen könnte. Da die d-Elektronen des Mn^{2+}-Ions jedoch auch mit den $2\,p_x$- und $2\,p_y$-Elektronen des F^--Ions unter Ausbildung einer π-Bindung kombinieren, gibt der aus dem Experiment bestimmte Wert f_p in Wirklichkeit die Differenz $f_\sigma - f_\pi$ der Aufenthaltswahrscheinlichkeiten in den p_z- und den p_π-Zuständen wieder. Denn zwei ungepaarte Elektronen in je einem p_x- und p_y-Zustand ergeben (mit umgekehrtem Vorzeichen) die gleiche Hyperfeinstrukturkopplung wie ein Elektron in einem p_z-Zustand.

Aus den Messungen von SHULMAN und KNOX[21] ergibt sich mit* (93), (98) und der Definition von A_s und A_σ in Kap. V, d

$$\widetilde{A}_s = (16{,}26 \pm 0{,}4) \cdot 10^{-4}\ \mathrm{cm}^{-1}$$
$$\widetilde{A}_\sigma = (0{,}17 \pm 0{,}1) \cdot 10^{-4}\ \mathrm{cm}^{-1}.$$

Setzt man die mit Hartree-Fock-Funktionen für F− berechneten Werte[19]

$$\widetilde{A}_s^{at} = 1{,}503\ \mathrm{cm}^{-1}$$
$$\widetilde{A}_{pz}^{at} = 0{,}0429\ \mathrm{cm}^{-1}$$

in (99) ein, so folgt

$$f_s = 0{,}54\%$$
$$f_\sigma - f_\pi = 0{,}20\%$$

für die Aufenthaltswahrscheinlichkeiten in den 2 s- und 2 p-Zuständen des F−-Ions. Aus den Elektronenresonanzdaten von OGAWA erhält man für $\widetilde{A}_s$ und $\widetilde{A}_\sigma$ in KCd(Mn)F$_3$ die etwas ungenaueren Werte

$$\widetilde{A}_s = (15{,}8 \pm 0{,}5) \cdot 10^{-4}\ \mathrm{cm}^{-1}$$
$$\widetilde{A}_\sigma = (0{,}4 \pm 0{,}5) \cdot 10^{-4}\ \mathrm{cm}^{-1}.$$

---

[24] KEFFER, F., T. OGUCHI, W. O'SULLIVAN, and J. YAMASHITA: Phys. Rev **115**, 1553 (1959).

* Da jedem F−-Ion in KMnF$_3$ zwei Mn^{2+}-Ionen benachbart sind, darf nur die Hälfte der Werte (93) für A^{hyp} eingesetzt werden, wenn man die Wechselwirkung mit nur einem Mn^{2+}-Ion behandelt.

Für die Kopplungskonstante mit dem Mn^{55}-Kern erhielt OGAWA

$$\tilde{A}_{Mn} = (-\,91{,}2 \pm 1) \cdot 10^{-4}\ cm^{-1}\ .$$

Ein Vergleich mit Kernresonanzdaten ist in diesem Fall nicht möglich. Die kernmagnetische Resonanz von Mn^{55} konnte bisher nur in wenigen Verbindungen im antiferromagnetischen Zustand beobachtet werden. Zum Beispiel ergab sich für MnO aus Kernresonanzmessungen $|\,\tilde{A}_{Mn}\,|$ $= (83{,}64 \pm 0{,}01) \cdot 10^{-4}\ cm^{-1}$ und aus der Elektronenresonanz von Mn^{2+} in MgO $|\,\tilde{A}_{Mn}\,| = (81{,}5 \pm 0{,}1) \cdot 10^{-4}\ cm^{-1}$.

2. Metalle

In Metallen wurden zuerst von W. KNIGHT chemische Verschiebungen beobachtet, die wesentlich größer sind als etwa in diamagnetischen Verbindungen der gleichen Metalle. KNIGHT fand z. B. in metallischem Kupfer eine Kernresonanzfrequenz, die (bei gleichem Magnetfeld) um 0,23 Prozent über der Resonanzfrequenz in CuCl liegt. Die chemische Verschiebung in Metallen wird meist nach ihrem Entdecker als ,Knight shift' bezeichnet und als relative Verschiebung

$$K = \frac{\nu - \nu_d}{\nu_d}$$

der Resonanzfrequenz ν gegenüber der Frequenz ν_d einer diamagnetischen Bezugssubstanz angegeben. K ist (von hier außer acht gelassenen Ausnahmefällen abgesehen) positiv und nimmt mit steigender Kernladungszahl der Metalle zu. Zum Beispiel ist in Lithium $K = 0{,}025$ Prozent und in Quecksilber $K = 2{,}5$ Prozent. In Einkristallen hängt K von der Orientierung des Kristalls zur Magnetfeldrichtung ab. Kernresonanzuntersuchungen in Metallen werden jedoch meist in sehr feinen Metallpulvern durchgeführt, um den störenden Einfluß der Wirbelströme (Skin-Effekt) zu umgehen. In Pulvern wird als Mittelwert über alle Orientierungen eine im allgemeinen asymmetrisch verbreiterte Kernresonanzlinie gefunden, aus der man durch eine Linienformanalyse außer dem isotropen Anteil auch die Anisotropie der chemischen Verschiebung entnehmen kann.

Bei der Berechnung der chemischen Verschiebung K in Metallen aus den Gln. (83) beschränken wir uns auf den isotropen Anteil, der durch den Fermi-Term (83e) verursacht wird. Die Dipol-Dipol-Kopplung (83d) ergibt die Anisotropie des Kopplungstensors, liefert aber keinen Beitrag zum isotropen Anteil der chemischen Verschiebung. In kubischen Metallen verschwindet die Anisotropie aus Symmetriegründen. Die Kopplung (83c) mit den Bahnmomenten der Elektronen ergibt vernachlässigbare Effekte von der Größenordnung der chemischen Verschiebung in diamagnetischen Verbindungen.

5*

Nach Gl. (83e) wird die Kopplung eines herausgegriffenen Kernspins $\vec{I}$ mit den $n \approx 10^{23}$ Elektronen des Metalls durch den Hamiltonoperator

$$\mathscr{H}_K = \frac{16\,\pi}{3}\,\beta\,\gamma\,\hbar \sum_{l=1}^{n} (\vec{s}\,(l),\,\vec{I})\,\delta\,(\vec{r}_l) \tag{100}$$

beschrieben. $\vec{r}_l$ ist der Ortsvektor des l-ten Elektrons bezogen auf den Ort des Kerns als Nullpunkt. In der ersten Näherung der Störungsrechnung ergibt sich nach Mittelung über den Elektronengrundzustand Φ_0 wie in Kap. III, c, 1 Gl. (43) ein Spin-Hamiltonoperator

$$\mathscr{H}'_K = \langle\,\Phi_0\,|\,\mathscr{H}_K\,|\,\Phi_0\,\rangle, \tag{101}$$

der noch auf die Kernspinzustände wirkt.

Zur Beschreibung des Elektronengrundzustandes in Metallen gehen wir von dem Blochschen Modell aus, in dem sich die Elektronen unabhängig voneinander in einem Potential mit der Periodizität des Metallgitters bewegen. Aus der Lösung der Einelektronenschrödingergleichung erhält man ein System von sehr nahe beieinander liegenden Termen ε_1, ε_2, ε_3, $\ldots$, ε_F, $\ldots$, das unter Berücksichtigung des Pauli-Prinzips mit Elektronen besetzt wird. Am absoluten Nullpunkt sind alle Terme mit einer Energie unterhalb der ‚Fermi-Grenze‘ ε_F mit Elektronen besetzt, von denen je zwei antiparallelen Spin haben, so daß das Metall als Ganzes diamagnetisch ist. Bei einer höheren Temperatur T befinden sich die Elektronen in der Nähe der Fermi-Grenze zum Teil in angeregten Zuständen. Dadurch sind die Spins der Elektronen in der Umgebung von ε_F zum Teil entkoppelt. Nur diese entkoppelten Elektronen tragen durch ihr magnetisches Spinmoment zur Kopplung mit dem herausgegriffenen Spin $\vec{I}$ bei.

Wegen der schwachen Kopplung der Elektronen untereinander können wir in der Blochschen Näherung den Grundzustand durch ein antisymmetrisiertes Produkt der mit Elektronen besetzten Einelektronenzustände $\chi_l\,\varphi_l$ beschreiben. χ_l bedeutet den Spinanteil, φ_l den Ortsanteil des Einelektronenzustandes, in dem sich das l-te Elektron befindet. Man erhält dann aus (100) und (101)

$$\mathscr{H}'_K = \frac{16\,\pi}{3}\,\beta\,\gamma\,\hbar\left(\left[\sum_l{}' \langle\,\varphi_l\,|\,\delta(\vec{r}_l)\,|\,\varphi_l\,\rangle\,\langle\,\chi_l\,|\,\vec{s}\,(l)\,|\,\chi_l\,\rangle\,\right],\,\vec{I}\right) \tag{102}$$

Die Summe in der eckigen Klammer läuft über alle entkoppelten Elektronen in der Umgebung der Fermi-Grenze ε_F. Zur Auswertung dieser Summe macht man die Annahme, daß für die Matrixelemente $\langle\,\varphi_l\,|\,\delta(\vec{r}_l)\,\varphi_l\,\rangle = |\,\varphi_l(0)\,|^2$ näherungsweise der Mittelwert $\langle\,|\,\varphi_k(0)\,|^2\,\rangle_{\varepsilon_F}$ über die Zustände φ_k zur Fermi-Energie ε_F eingesetzt werden kann. Dann folgt aus (102)

$$\mathscr{H}'_K = \frac{16\,\pi}{3}\,\beta\,\gamma\,\hbar\,\langle\,|\,\varphi_k(0)\,|^2\,\rangle_{\varepsilon_F}\left(\left[\sum_l{}' \langle\,\chi_l\,|\,\vec{s}\,(l)\,|\,\chi_l\,\rangle\,\right],\,\vec{I}\right). \tag{103}$$

Bezeichnen wir mit $\vec{M}_s = \chi_s\,\vec{H}_0$ die durch die magnetischen Spinmomente der Elektronen verursachte Magnetisierung des Metalls, so ergibt sich

$$-2\beta \sum_l{}' \langle \chi_l \mid \vec{s}(l) \mid \chi_l \rangle = V\,\vec{M}_s = V\,\chi_s\,\vec{H}_0$$

und

$$\mathcal{H}'_K = -\frac{8\pi}{3}\,\gamma'\,\hbar\,\langle \mid \varphi_k(0) \mid^2 \rangle_{\varepsilon_F} V\,\chi_s\,(\vec{H}_0,\,\vec{I})\,.$$

Es ist zweckmäßig, die im Volumen V normierten Funktionen φ_k durch die Funktionen $\psi_k = \sqrt{V/V_M}\,\varphi_k$ zu ersetzen, die im Atomvolumen V_M des Metalls normiert sind. Dann ist

$$\mathcal{H}'_K = -\frac{8\pi}{3}\,\gamma\,\hbar\,\langle \mid \psi_k(0) \mid^2 \rangle_{\varepsilon_F} V_M\,\chi_s\,(\vec{H}_0,\,\vec{I})\,. \tag{104}$$

Zusammen mit der Kopplung (83b) des Kernspins $\vec{I}$ an das äußere Magnetfeld $\vec{H}_0$ erhält man schließlich den Hamiltonoperator

$$\mathcal{H} = -(1+K)\,\gamma\,\hbar\,(\vec{H}_0,\,\vec{I})$$

und die Kernresonanzfrequenz

$$\nu = (1+K)\,\gamma\,H_0/2\pi = (1+K)\,\nu_0 \tag{105a}$$

mit

$$K = \frac{8\pi}{3}\,V_M\,\langle \mid \psi_k(0) \mid^2 \rangle_{\varepsilon_F}\,\chi_s\,. \tag{105b}$$

Eine experimentelle Prüfung der Aussagen von (105) wurde an Lithium-Metall (Li[7]) durchgeführt*. Aus der Verschiebung

$$\frac{\Delta H}{\Delta H_0} = \frac{8\pi}{3}\,V_M\,\langle \mid \psi_k(0) \mid^2 \rangle_{\varepsilon_F}\,\chi_I^{(\mathrm{Li})}$$

mit

$$\chi_I^{(\mathrm{Li})} = N_L\,\gamma_{\mathrm{Li}}^2\,\hbar^2\,I\,(I+1)/3\,k\,T\,,$$

die die Elektronenresonanz in Li gegen die Resonanz des freien Elektrons erfährt, läßt sich die gemittelte Elektronendichte $\langle \mid \psi_k(0) \mid^2 \rangle_{\varepsilon_F}$ am Kernort experimentell bestimmen. Die Spinsuszeptibilität χ_s der Elektronen ist aus dem Integral über die Elektronenresonanz-Absorptionskurve zu entnehmen. Der aus getrennten Messungen von $\langle \mid \psi_k(0) \mid^2 \rangle_{\varepsilon_F}$ und χ_s mittels (105b) errechnete Wert für K weicht nur wenige Prozent von dem aus der Kernresonanz gewonnenen Wert ab.

f) Kernquadrupolkopplung

1. Hamiltonoperator und reine Kernquadrupolresonanz

Wir knüpfen an Kap. II, b an, in dem der klassische Ausdruck für die Wechselwirkungsenergie eines Quadrupolmomentes mit dem Gradienten

---

* Eine ausführliche Beschreibung mit Literaturangaben wird gegeben in: Slichter, C. P., Principles of Magnetic Resonance, New York: Harper and Row 1963

eines elektrischen Feldes abgeleitet wurde. Für die potentielle Energie ergab sich im Hauptachsensystem des Feldgradiententensors (II, 36)

$$V_Q = \frac{eq}{6} \left[\tfrac{1}{2} (\eta - 1) Q_{xx} - \tfrac{1}{2} (\eta + 1) Q_{yy} + Q_{zz} \right] . \tag{106}$$

Gegenüber Kap. II, b wollen wir jetzt die Hauptachsen des Feldgradiententensors mit x, y, z bezeichnen. Daher fällt der Strich an den Komponenten des Quadrupolmomententensors weg.

Bei der quantenmechanischen Behandlung der Wechselwirkung des Quadrupolmomentes eines Atomkerns mit dem Gradienten eines Feldes, das von den elektrischen Ladungen in der Umgebung des Kerns erzeugt wird, werden die Tensorkomponenten in (106) durch quantenmechanische Operatoren ersetzt. Interessieren wir uns nur für die Wechselwirkung im Elektronengrundzustand Φ_0 eines Moleküls, so mitteln wir die Operatoren q und η über Φ_0 und verstehen für das weitere unter q und η die Erwartungswerte $q = \langle \Phi_0 \,|\, q \,|\, \Phi_0 \rangle$ und $\eta = \langle \Phi_0 \,|\, \eta \,|\, \Phi_0 \rangle$*. Im Hamiltonoperator

$$\mathscr{H}_Q = \frac{eq}{6} \left[\tfrac{1}{2}(\eta - 1) \boldsymbol{Q}_{xx} - \tfrac{1}{2} (\eta + 1) \boldsymbol{Q}_{yy} + \boldsymbol{Q}_{zz} \right] \tag{107}$$

stehen dann als Operatoren noch die Komponenten des Quadrupolmomententensors, die nur auf die Kernzustände wirken. Für die Kernzustände wählen wir als Basis Eigenfunktionen ψ_{IM} des Kernspins I. Die Eigenwerte des Hamiltonoperators ergeben sich dann als Lösungen der Säkulargleichung (V, 14)

$$\left| \langle \psi_{IM'} \,|\, \mathscr{H}_Q \,|\, \psi_{IM} \rangle - E \, \delta_{MM'} \right| = 0 . \tag{108}$$

Zunächst müssen wir jedoch wissen, wie die Operatoren $\boldsymbol{Q}_{xx}$, $\boldsymbol{Q}_{yy}$ und $\boldsymbol{Q}_{zz}$ auf die Zustände ψ_{IM} wirken. Wir benutzen dabei eine Beziehung, die unmittelbar aus dem Wigner-Eckart Theorem über irreduzible Tensoroperatoren folgt**:

$$\begin{aligned}
\boldsymbol{Q}_{xx} &= \alpha(I) \left[3 \, \boldsymbol{I}_x^2 - I \, (I + 1) \right] \\
\boldsymbol{Q}_{yy} &= \alpha(I) \left[3 \, \boldsymbol{I}_y^2 - I \, (I + 1) \right] \\
\boldsymbol{Q}_{zz} &= \alpha(I) \left[3 \, \boldsymbol{I}_z^2 - I \, (I + 1) \right] .
\end{aligned} \tag{109}$$

---

* In der Mikrowellenspektroskopie wird die Quadrupolwechselwirkung in verschiedenen Rotationszuständen des Moleküls bestimmt. q und η sind demnach nicht konstant, sondern hängen von der Rotationsquantenzahl J des Moleküls ab.

**Aus den sechs Tensorkomponenten $\boldsymbol{Q}_{xx}, \boldsymbol{Q}_{xy}, \boldsymbol{Q}_{xz}, \boldsymbol{Q}_{yy}, \ldots$ lassen sich fünf Linearkombinationen $\boldsymbol{T}_{2\pm2}$, $\boldsymbol{T}_{2\pm1}$ und $\boldsymbol{T}_{20}$ bilden, die sich nach der irreduziblen Darstellung $D^{(2)}$ der Kugeldrehgruppe transformieren und daher als irreduzible Komponenten $\boldsymbol{T}_{2m}$ ($-2 \leq m \leq 2$) des Tensoroperators bezeichnet werden. Das Wigner-Eckart Theorem gilt allgemein für die irreduziblen Komponenten $\boldsymbol{T}_{lm}$ ($-l \leq m \leq l$) eines Tensoroperators l-ter Stufe und besagt:

$$\langle \psi_{I'M'} \,|\, \boldsymbol{T}_{lm} \,|\, \psi_{IM} \rangle = C \, (I \, l \, I'; M \, m \, M') \, \langle I \,\|\, \boldsymbol{T}_l \,\|\, I' \rangle .$$

I_x, I_y und I_z sind die Komponenten des Kernspinoperators $\vec{I}$ im Hauptachsensystem des Feldgradiententensors. $\alpha(I)$ ist eine Konstante, die nur von I nicht aber von M abhängt. Zur Bestimmung von $\alpha(I)$ bilden wir den Erwartungswert von $\boldsymbol{Q}_{zz}$ im Zustand $M = I$ und definieren so das Quadrupolmoment eQ des Atomkerns:

$$eQ \equiv \langle \, \psi_{II} \mid \boldsymbol{Q}_{zz} \mid \psi_{II} \, \rangle = \alpha(I) \, [3 \, I^2 - I \, (I + 1)] = \alpha(I) \, I \, (2 \, I - 1) \,. \tag{110}$$

Das Quadrupolmoment ist wie der Kernspin I eine für jede Kernsorte charakteristische Konstante. Wie wir aus (110) ersehen, ist $Q = 0$ für $I \langle 1$. Setzen wir die Konstante $\alpha(I) = eQ/I \, (2 \, I - 1)$ in (109) und (107) ein, so erhalten wir mit $\boldsymbol{I}_{\pm} = \boldsymbol{I}_x \pm \boldsymbol{I}_y$ den Hamiltonoperator

$$\mathscr{H}_Q = \frac{e^2 \, Q \, q}{4 \, I \, (2 \, I - 1)} \, [3 \, \boldsymbol{I}_z^2 - I \, (I + 1) + \tfrac{1}{2} \, \eta \, (\boldsymbol{I}_+^2 + \boldsymbol{I}_-^2)] \,. \tag{111}$$

Die Matrixelemente von $\mathscr{H}_Q$ lassen sich mit Hilfe der Gln. (V, 23 und 24) leicht ausrechnen. Man erhält für die Diagonalelemente

$$\langle \, \psi_{IM} \mid \mathscr{H}_Q \mid \psi_{IM} \, \rangle = \frac{e^2 \, Q \, q}{4 \, I \, (2 \, I - 1)} \, [3 \, M^2 - I \, (I + 1)] \tag{112a}$$

und für die Nichtdiagonalelemente

$$\langle \, \psi_{IM'} \mid \mathscr{H}_Q \mid \psi_{IM} \, \rangle = \frac{e^2 \, Q \, q \, \eta}{8 \, I \, (2 \, I - 1)} \, f_I \, (\pm \, M) \, f_I \, (1 \pm M) \, \delta_{M', \, M \pm 2} \tag{112b}$$

mit

$$f_I \, (M) = f_I \, (- M - 1) = [(I - M) \, (I + M + 1)]^{\frac{1}{2}} \,.$$

Ist $\eta = 0$, so hat die Matrix von $\mathscr{H}_Q$ Diagonalform. Ist $\eta \neq 0$, so ergibt die Säkulargleichung (108) eine Gleichung vom Grade $2 \, I + 1$ in E. Bei halbzahligem Spin zerfällt die Säkulardeterminante in zwei gleiche Faktoren, so daß nur Gleichungen vom Grade $I + \tfrac{1}{2}$ in E zu lösen sind. Im Fall $I = \tfrac{3}{2}$ ergibt sich also eine quadratische Gleichung mit den Wurzeln

$$E_{\pm \frac{3}{2}} = \tfrac{1}{4} \, e^2 \, Qq \, (1 + \eta^2/3)^{\frac{1}{2}}$$

$$E_{\pm \frac{1}{2}} = - \tfrac{1}{4} \, e^2 \, Qq \, (1 + \eta^2/3)^{\frac{1}{2}} \,.$$

$C \, (IlI'; \, MmM')$ ist der aus der Addition von Drehimpulsen bekannte Wigner-Koeffizient (auch Vektor-Kopplungskoeffizient). $\langle \, I \, \| \, \boldsymbol{T}_l \, \| \, I' \rangle$ ist eine Konstante, die von den speziellen Eigenschaften des Tensoroperators abhängt aber von M, M' und m unabhängig ist. Aus dem Wigner-Eckart Theorem folgt sofort, daß die Matrixelemente zweier irreduzibler Tensoroperatoren $\boldsymbol{T}_{lm}$ und $\boldsymbol{T}'_{lm}$ einander proportional sind, wobei die Proportionalitätskonstante gleich dem Quotienten von $\langle \, I \, \| \, \boldsymbol{T}_l \, \| \, I' \rangle$ und $\langle \, I \, \| \, \boldsymbol{T}'_l \, \| \, I' \rangle$ ist. Bildet man aus den Komponenten des Kernspins irreduzible Tensoroperatoren $\boldsymbol{T}'_{2m}$, so sind diese den Operatoren $\boldsymbol{T}_{2m}$, die aus den Komponenten des Quadrupolmomententensors gebildet wurden, proportional: $\boldsymbol{T}_{2m} = \alpha \, (I) \, \boldsymbol{T}'_{2m}$ (bei konstantem I). Aus diesen fünf Gleichungen $(- 2 \leq m \leq 2)$ errechnen sich leicht die Gleichungen (109). (Siehe etwa C. P. SLICHTER: Principles of Magnetic Resonance, Sec. 6.3. New York: Harper and Row 1963).

Die Indizes bei E beziehen sich auf die Werte von M im Grenzfall $\eta = 0$. Als Übergangsfrequenz zwischen den Termen $E_{\pm\frac{1}{2}}$ und $E_{\pm\frac{3}{2}}$ erhält man

$$\nu_Q = \frac{e^2\,Q\,q}{2\,h}\,(1 + \eta^2/3)^{\frac{1}{2}}\,. \tag{113}$$

Im Fall $I = 1$ ergibt die Lösung der Säkulargleichung 3. Grades die drei Wurzeln

$$E_{\pm 1} = \tfrac{1}{4}\,e^2\,Qq\,(1 \pm \eta)$$
$$E_0 = -\tfrac{1}{2}\,e^2\,Qq\,.$$

Es gibt demnach die drei Übergangsfrequenzen

$$\nu_Q\,(0 \longleftrightarrow \pm 1) = \frac{1}{4\,h}\,e^2\,Qq\,(3 \pm \eta)$$

$$\nu_Q\,(-1 \longleftrightarrow +1) = \frac{1}{2\,h}\,e^2\,Qq\,\eta\,.$$

Die Eigenwerte von $\mathcal{H}_Q$ für höhere Kernspins $\frac{5}{2}$, $\frac{7}{2}$ und $\frac{9}{2}$ sind von Cohen[25] in Abhängigkeit von η ausgerechnet und tabelliert worden.

Wie schon in der Einleitung erwähnt wurde, werden in einem schwachen magnetischen Wechselfeld Übergänge zwischen den Eigenwerten von $\mathcal{H}_Q$ induziert, deren Rückwirkung auf den HF-Oszillator als Kernquadrupolresonanz bezeichnet wird. Um den Unterschied zur Kernquadrupolresonanz bei Anwesenheit eines statischen Magnetfeldes hervorzuheben, nennt man den Effekt auch „reine" Kernquadrupolresonanz. Da die Frequenzen ν_Q nicht von der Orientierung des Feldgradiententensors abhängen, kann die Kernquadrupolresonanz außer in Einkristallen auch in Kristallpulvern untersucht werden. In Flüssigkeiten ist die Beobachtung der Kernquadrupolresonanz jedoch nicht möglich. Wegen der raschen Rotation der Moleküle „sieht" der Atomkern nur den zeitlichen Mittelwert des Feldgradienten, der bei der regellosen Bewegung in Flüssigkeiten verschwindet. Die fluktuierenden Feldgradienten bestimmen jedoch praktisch vollständig die Linienbreite der kernmagnetischen Resonanz im starken Magnetfeld. Daher läßt sich in Flüssigkeiten unter Umständen das Produkt $e^2Qq\,(1 + \eta^2/3)^{\frac{1}{2}}$ aus der Breite der magnetischen Kernresonanzlinien bestimmen[26]. Auch im Festkörper läßt sich im Fall $I = \frac{3}{2}$ aus der einen Kernquadrupolresonanzfrequenz ν_Q nur das Produkt $e^2Qq\,(1 + \eta^2/3)^{\frac{1}{2}}$ entnehmen. Dagegen gibt es bei den übrigen praktisch wichtigen Kernspins 1, $\frac{5}{2}$, $\frac{7}{2}$ und $\frac{9}{2}$ mehrere Frequenzen ν_Q, aus denen die Quadrupolkopplungskonstante e^2Qq und der Asymmetrieparameter η getrennt bestimmt werden können. Die Orientierung der Hauptachsen des Feldgradiententensors in einem Einkristall kann im

---

[25] Cohen, M. H.: Phys. Rev. **96**, 1278 (1954).
[26] Siehe Literaturverzeichnis (S. 134), Ref. 1.

Prinzip aus der Abhängigkeit der Absorptionsintensität von der Richtung des magnetischen Wechselfeldes relativ zu den Achsen gewonnen werden. Intensitätsmessungen sind jedoch wegen des geringen Signal-Rausch-Verhältnisses der Resonanzlinien praktisch nur schwer durchführbar. Daher wird die Orientierung der Achsen des Feldgradiententensors im Kristall (und η bei $I = \frac{3}{2}$) meist bestimmt, indem man die Aufspaltung der Kernquadrupolresonanzlinien in einem statischen Magnetfeld untersucht.

2. Schwaches Magnetfeld

In einem statischen Magnetfeld $\vec{H}$ überlagert sich der Quadrupolwechselwirkung $\mathcal{H}_Q$ die Wechselwirkung des magnetischen Kernmoments $\gamma \hbar \vec{I}$ mit $\vec{H}$, die durch (8)

$$\mathcal{H}_{\mathrm{mag}} = - \gamma \hbar \, (\vec{H}, \vec{I})$$

beschrieben wird. Im Hauptachsensystem x, y, z des Feldgradiententensors erhalten wir nach Einführung der Größen $I_\pm = I_x \pm i I_y$ und $H_\pm = H_x \pm i H_y$ für den Hamiltonoperator beider Wechselwirkungen

$$\mathcal{H} = \mathcal{H}_Q + \mathcal{H}_{\mathrm{mag}}$$

$$\mathcal{H}_Q = \frac{e^2 Q q}{4 I (2 I - 1)} [3 \, I_z^2 - I (I + 1) + \tfrac{1}{2} \eta \, (I_+^2 + I_-^2)] \qquad (114)$$

$$\mathcal{H}_{\mathrm{mag}} = - \gamma \hbar \, (H_z \, I_z + \tfrac{1}{2} H_- \, I_+ + \tfrac{1}{2} H_+ \, I_-).$$

Bei kleinen Magnetfeldern ($\gamma \hbar H \ll e^2 Q q$) lassen sich die Eigenwerte von $\mathcal{H}$ mit Hilfe der Störungsrechnung 1. Ordnung bestimmen, indem man $\mathcal{H}_{\mathrm{mag}}$ als kleine Störung von $\mathcal{H}_Q$ auffaßt.

Der Fall $\eta = 0$ ist besonders leicht zu behandeln. Nach (114) sind die Kernspineigenfunktionen ψ_{IM} schon Eigenfunktionen des ungestörten Hamiltonoperators $\mathcal{H}_Q$. Die Eigenwerte $E_{\pm M}$ von $\mathcal{H}_Q$ sind jetzt die Eigenwerte nullter Näherung von $\mathcal{H}$ und werden mit $E^{(0)}_{\pm M}$ bezeichnet. Durch die Störung $\mathcal{H}_{\mathrm{mag}}$ wird die $\pm M$-Entartung der Terme $E^{(0)}_{\pm M}$ aufgehoben. Zur Berechnung der Energiestörungen sind daher Säkulargleichungen 2. Grades (V, 31)

$$\begin{vmatrix} \langle \psi_M | \mathcal{H}_{\mathrm{mag}} | \psi_M \rangle - E^{(1)} & \langle \psi_M | \mathcal{H}_{\mathrm{mag}} | \psi_{-M} \rangle \\ \langle \psi_{-M} | \mathcal{H}_{\mathrm{mag}} | \psi_M \rangle & \langle \psi_{-M} | \mathcal{H}_{\mathrm{mag}} | \psi_{-M} \rangle - E^{(1)} \end{vmatrix} = 0$$

aufzulösen. Für $M > \frac{1}{2}$ verschwinden jedoch die Nichtdiagonalelemente, da die Schiebeoperatoren I_+ und I_- nur Terme miteinander verknüpfen, die sich um $\Delta M = 1$ unterscheiden. Daher können die Energien für jedes $M > \frac{1}{2}$ in der Form

$$E_M = E^{(0)}_{\pm M} + E^{(1)}_M$$

$$E_{-M} = E^{(0)}_{\pm M} + E^{(1)}_{-M} \qquad (115)$$

mit

$$E^{(1)}_M = - M \gamma \hbar H_z = - M \gamma \hbar H \cos \vartheta$$

geschrieben werden. ϑ ist der Winkel der Magnetfeldrichtung mit der z-Achse. Für $M = \frac{1}{2}$ ergibt die Lösung der Säkulargleichung

$$E_+ = E^{(0)}_{\pm\frac{1}{2}} + E^{(1)}_+$$
$$E_- = E^{(0)}_{\pm\frac{1}{2}} + E^{(1)}_-$$

(116)

mit

$$E^{(1)}_{\pm} = \mp \tfrac{1}{2}\, \gamma\, \hbar\, H\, \cos\vartheta\, (4\, tg^2\, \vartheta + 1)^{\frac{1}{2}}\,.$$

Abb. 13 zeigt das Termsystem für $I = \frac{3}{2}$. Die Kernquadrupolresonanzlinie ν_Q spaltet in vier Linien ν_α, $\nu_{\alpha'}$, ν_β und $\nu_{\beta'}$ auf, deren Frequenz von ϑ abhängt. Will man die Lage der z-Achse des Feldgradiententensors im Kristall festlegen, so genügt es, den Winkel ϑ_0 zu bestimmen,

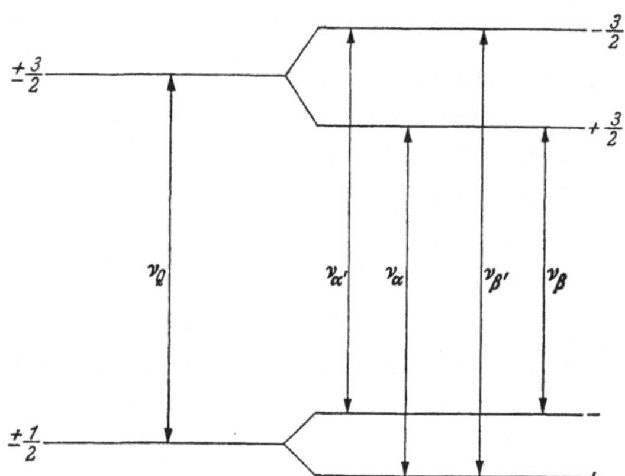

Abb. 13. Termsystem für die Zeeman-Aufspaltung der Kernquadrupolresonanz $(I=\frac{3}{2};\, \eta=0)$

für den $\nu_\alpha = \nu_{\alpha'} = \nu_Q$ ist (Engl.: locus of zero splitting). Aus dem Termsystem (Abb. 13) läßt sich für ϑ_0 die Gleichung

$$E_{-\frac{3}{2}} - E_- = E_{\frac{3}{2}} - E_+$$

ablesen. Daraus ergibt sich mit (115) und (116)

$$\vartheta_0 = \text{arctg}\,\sqrt{2} = 54°\,44'\,.$$

Durch ϑ_0 ist ein Kreiskegel um die z-Achse des Feldgradiententensors definiert. Die Lage dieses Kegels im Kristall läßt sich experimentell leicht festlegen, indem man die Orientierungen des Magnetfeldes zum Kristall bestimmt, bei denen die α, α'-Linien nicht aufspalten.

Ist $\eta \neq 0$, so ist die Berechnung der Termlagen aus (114) etwas umständlicher und soll hier nicht im einzelnen durchgeführt werden. Das Termsystem hat qualitativ dieselbe Form wie im Fall $\eta = 0$ (Abb. 13). Die Lage der Terme hängt jedoch nicht nur von ϑ sondern auch von einem Winkel φ ab, der Azimutwinkel in dem Polarkoordinatensystem

$$x = r \sin \vartheta \cos \varphi$$
$$y = r \sin \vartheta \sin \varphi$$
$$z = r \cos \vartheta$$

ist. Ebenso hängt der Winkel ϑ_0, der die Lage verschwindender Aufspaltung ($\nu_\alpha = \nu_{\alpha'} = \nu_Q$) angibt, von φ ab. Für $I = \frac{3}{2}$ ergibt sich

$$\sin^2 \vartheta_0 = \frac{2}{3 - \eta \cos 2\varphi} \tag{117}$$

Aus dieser Gleichung lassen sich der Asymmetrieparameter η sowie die Lage der x-Achse ($\varphi = 0$) und der y-Achse ($\varphi = \pi/2$) bestimmen. Denn ϑ_0 hat an der Stelle $\varphi = 0$ seinen maximalen und an der Stelle $\varphi = \pi/2$ seinen minimalen Wert. Für η folgt aus (117)

$$\eta = 3 \, \frac{\sin^2 [\vartheta_0(0)] - \sin^2 [\vartheta_0 \, (\pi/2)]}{\sin^2 [\vartheta_0(0)] + \sin^2 [\vartheta_0 \, (\pi/2)]} \, .$$

3. Starkes Magnetfeld

In vielen Ionenkristallen ist $e^2 Q q \ll \gamma \hbar H$ bei den Magnetfeldern ($\sim 10^4$ Oe), die in der Kernresonanzspektroskopie zur Verfügung stehen. Daher kann man die Quadrupolkopplung als kleine Störung der magnetischen Kopplung auffassen. Zur Durchführung der Störungsrechnung wählt man jetzt die Magnetfeldrichtung als Quantisierungsachse für $\vec{I}$, d. h., man beschreibt die Kopplung (114) $\mathcal{H} = \mathcal{H}_{\mathrm{mag}} + \mathcal{H}_Q$ in einem Koordinatensystem X, Y, Z, dessen Z-Achse parallel zum Magnetfeld $\vec{H}$ liegt.

Auch hier ist der Fall $\eta = 0$ besonders einfach, da die Quadrupolkopplung nur von dem Winkel der z-Achse des Feldgradententensors mit der Z-Achse des neuen Koordinatensystems abhängt. Wir lassen die Achsen y und Y zusammenfallen, so daß z und x in der XZ-Ebene des neuen Koordinatensystems liegt. Somit ist

$$I_x = I_X \cos \vartheta - I_Z \sin \vartheta$$
$$I_y = I_Y$$
$$I_z = I_X \sin \vartheta + I_Z \cos \vartheta \, .$$

Für den Hamiltonoperator erhalten wir, wenn wir mit $I_\pm$ jetzt die Operatoren $I_X \pm i I_Y$ bezeichnen,

$$\mathcal{H} = \mathcal{H}_{\mathrm{mag}} + \mathcal{H}_Q$$
$$\mathcal{H}_{\mathrm{mag}} = - \gamma \hbar H I_z$$
$$\mathcal{H}_Q = \frac{e^2 Q q}{4 I (2I-1)} \{ \tfrac{1}{2} (3 \cos^2 \vartheta - 1) [3 I_Z^2 - I(I+1)] + \tag{118}$$
$$+ \tfrac{3}{2} \sin \vartheta \cos \vartheta [I_z (I_+ + I_-) + (I_+ + I_-) I_z] + \tfrac{3}{4} \sin^2 \vartheta (I_+^2 + I_-^2) \} \, .$$

Da die Eigenwerte von $\mathscr{H}_{mag}$ nicht entartet sind, tragen in der ersten Näherung der Störungsrechnung nur die Diagonalelemente von $\mathscr{H}_Q$ zur Energiestörung bei. Führt man noch als Abkürzungen die Lamorfrequenz $\nu_L = \gamma H/2\pi$ und die Quadrupolfrequenz $\nu_Q = 3\,e^2Qq/2\,I\,(2\,I-1)\,h$ ein, so erhält man für die Eigenwerte von (118) in der 1. Näherung der Störungsrechnung

$$E_M = E_M^{(0)} + E_M^{(1)}$$
$$E_M^{(0)} = -\,h\,\nu_L\,M$$
$$E_M^{(1)} = \tfrac{1}{4}\,h\,\nu_Q\,(3\cos^2\vartheta - 1)\,[M^2 - \tfrac{1}{3}\,I\,(I+1)]\,.$$

Für die Resonanzfrequenzen gilt die Auswahlregel $\Delta M = \pm 1$ (siehe Kap. IV, a). Man erhält

$$\nu_M = h^{-1}\,(E_{M-1} - E_M)$$
$$= \nu_L - \tfrac{1}{2}\,\nu_Q\,(M - \tfrac{1}{2})\,(3\cos^2\vartheta - 1)\,.$$

Unter dem Einfluß der Quadrupolwechselwirkung spaltet demnach die Lamorfrequenz ν_L in $2\,I + 1$ äquidistante Linien mit dem Abstand $\Delta\nu = \tfrac{1}{2}\,\nu_Q\,(3\cos^2\vartheta - 1)$ auf. Bei halbzahligem Spin bleibt die Zentrallinie $\nu_{\frac{1}{2}} = \nu_L$ unverschoben. Umgekehrt zeigt eine endliche Verschiebung der Zentrallinie an, daß die erste Näherung der Störungsrechnung nicht mehr zur Beschreibung des Spektrums ausreicht. Die zweite Näherung der Störungsrechnung ergibt für die Zentrallinie

$$\nu_{\frac{1}{2}} = \nu_L - \frac{\nu_Q^2\,[I\,(I+1) - \tfrac{3}{4}]}{16\,\nu_L}\,(1 - \cos^2\vartheta)\,(9\cos^2\vartheta - 1)\,.$$

Dieser Ausdruck ist eine gute Näherung bis zu Werten von $\nu_Q \approx 0{,}1\,\nu_L$.

Die Ermittlung von e^2Qq, η und den Hauptachsen x, y, z des Feldgradiententensors nach der 1. und 2. Ordnung der Störungsrechnung wird im allgemeinen Fall meist nach einem Verfahren von VOLKOFF[27] durchgeführt. Dabei wird der Kristall um die drei Achsen ξ, η, ζ eines kristallfesten kartesischen Koordinatensystems gedreht, und die Frequenzverschiebungen werden in Abhängigkeit vom Drehwinkel φ um die jeweilige Achse gemessen. Die Störungstheorie ergibt in 1. Ordnung für die Frequenzverschiebungen

$$\nu_M^\xi - \nu_L = \tfrac{1}{2}\,(M - \tfrac{1}{2})\,(a_\xi + b_\xi \cos 2\,\varphi_\xi + c_\xi \sin 2\,\varphi_\xi)$$

und in 2. Ordnung für die Verschiebung der Zentrallinie ($M = \tfrac{1}{2}$)

$$\nu_{\frac{1}{2}}^\xi - \nu_L = n_\xi + p_\xi \cos 2\,\varphi_\xi + r_\xi \sin 2\,\varphi_\xi + u_\xi \cos 4\,\varphi_\xi + v_\xi \sin 4\,\varphi_\xi\,.$$

Entsprechende Gleichungen gelten für die Drehungen um η und ζ. Die Konstanten a, b, c, n, p, r, u, v sind in der Arbeit von VOLKOFF[27] in ihrer Abhängigkeit vom Quadrupolkopplungstensor angegeben. Die Konstan-

---

[27] VOLKOFF, G. M.: Canad. J. Phys. 31, 820 (1953).

ten lassen sich aus den Frequenzverschiebungen $\nu_M - \nu_L$ experimentell bestimmen und gestatten so die Berechnung der Komponenten des Quadrupolkopplungstensors im System ξ, η, ζ. Eine Hauptachsentransformation ergibt dann e^2Qq, η und die Richtungskosinusse der Hauptachsen x, y, z im System ξ, η, ζ. Zur eindeutigen Bestimmung des Quadrupolkopplungstensors aus den Konstanten a, b, c sind Drehungen um alle drei Achsen ξ, η, ζ notwendig, während zur Bestimmung aus den Konstanten n, p, r, u, v Drehungen um irgend zwei der Achsen ξ, η, ζ genügen. Die Lage der orthogonalen Achsen ξ, η, ζ im Kristall ist beliebig.

Sind die Quadrupolkopplung und die magnetische Kopplung in ihrer Größe vergleichbar, so können die Eigenwerte von $\mathcal{H}_{\mathrm{mag}} + \mathcal{H}_Q$ nicht mehr mit Hilfe der Störungsrechnung bestimmt werden. Es sind Verfahren beschrieben worden, die auch in diesem Fall die Bestimmung des Quadrupolkopplungstensors gestatten. Wir verzichten hier auf eine Beschreibung dieser Verfahren und begnügen uns mit einem Literaturhinweis[28].

---

[28] FRANK, V.: J. Chem. Phys. **37**, 148 (1962); HARTMANN, H. M. FLEISSNER und H. SILLESCU: Theoret. chim. Acta **3**, 347 (1965).

IV. Zeitabhängige Erscheinungen

a) Übergangswahrscheinlichkeiten und Intensitäten

Bei jedem Kernresonanzexperiment wirkt auf die magnetischen Kernmomente außer den statischen Feldern, die wir bis jetzt behandelt haben, ein zeitlich veränderliches Magnetfeld. Der Hamiltonoperator für die Wechselwirkung eines Feldes $\vec{H}_1\,(t)$ mit einem magnetischen Kernmoment $\gamma\,\hbar\,\vec{I}$ lautet wie beim statischen Magnetfeld

$$\mathscr{H}_1\,(t) = -\,\gamma\,\hbar\,(\vec{H}_1\,(t),\,\vec{I}).$$

Besteht außerdem noch eine zeitunabhängige Wechselwirkung $\mathscr{H}_0$, so ist bei einer quantenmechanischen Behandlung die zeitabhängige Schrödingergleichung (V, 32)

$$\{\mathscr{H}_0 + \mathscr{H}_1\,(t)\}\,\Psi\,(t) = i\,\hbar\,\frac{\partial}{\partial t}\,\Psi\,(t)$$

zu lösen. Wie im Anhang gezeigt wird, läßt sich $\Psi\,(t)$ nach den Eigenzuständen ψ_k von $\mathscr{H}_0$ entwickeln (V, 33):

$$\Psi\,(t) = \sum_k a_k\,(t)\,\psi_k \exp\left(-\,\frac{i}{\hbar}\,E_k\,t\right).$$

Ist das Magnetfeld $\vec{H}_1\,(t)$ so schwach, daß man $\mathscr{H}_1\,(t)$ als kleine Störung von $\mathscr{H}_0$ behandeln kann, so ergibt die zeitabhängige Störungstheorie für $a_k\,(t)$ in der ersten Näherung (V, 41):

$$a_k\,(t) = -\,\frac{i}{\hbar}\int\limits_0^t (\psi_k,\mathscr{H}_1\,(t')\,\psi_m)\,e^{i\,\omega_{km}t'}\,dt'\,. \tag{1}$$

Dabei wurde angenommen, daß sich das System zur Zeit $t = 0$ im Zustand ψ_m befindet, und es ist $\hbar\,\omega_{km} = E_k - E_m$. Unser Ziel ist es, für den Übergang $E_m \rightarrow E_k$ die Übergangswahrscheinlichkeit (V, 36)

$$W_{m\rightarrow k} = |\,a_k\,(t)\,|^2$$

zu berechnen, die in engem Zusammenhang mit der Absorptionsintensität dieses Übergangs steht.

Wir betrachten speziell ein magnetisches Kernmoment $\gamma\,\hbar\,\vec{I}$ in einem statischen Magnetfeld $\vec{H}_0$ parallel zur z-Achse eines rechtwinkligen Koordinatensystems und in einem schwachen magnetischen Wechselfeld

$$\vec{H}_1\,(t) = 2\,\vec{H}_1 \cos \omega't = \vec{H}_1\,(e^{i\omega't} + e^{-i\omega't})$$

der Frequenz ω', das parallel zur x-Achse gerichtet ist. Für den Hamilton-operator ergibt sich demnach

$$\mathscr{H}_0 = - \gamma \, \hbar \, H_0 \, \boldsymbol{I}_z \tag{2a}$$

und

$$\begin{aligned}
\mathscr{H}_1 (t) &= - \gamma \, \hbar \, H_1 (t) \, \boldsymbol{I}_x \\
&= - \gamma \, \hbar \, H_1 \, \boldsymbol{I}_x \, (e^{i\omega't} + e^{-i\omega't}) \\
&= \mathscr{H}_1 \, (e^{i\omega't} + e^{-i\omega't})
\end{aligned} \tag{2b}$$

mit

$$\mathscr{H}_1 = - \gamma \, \hbar \, H_1 \, \boldsymbol{I}_x. \tag{3}$$

Für $a_k (t)$ erhalten wir nach (1)

$$a_k(t) = - \frac{i}{\hbar} \, (\psi_k, \mathscr{H}_1 \, \psi_m) \int\limits_0^t (e^{i\omega't'} + e^{-i\omega't'}) \, e^{i\omega_{km}t'} \, dt' \, .$$

Für das Integral ergibt die Rechnung

$$\int\limits_0^t (e^{i \, (\omega' + \omega_{km}) \, t'} + e^{-i \, (\omega' - \omega_{km}) \, t'}) \, dt' \tag{4}$$

$$= \frac{1}{i} \left\{ \frac{\exp [i \, (\omega' + \omega_{km}) \, t] - 1}{\omega' + \omega_{km}} - \frac{\exp [- i \, (\omega' - \omega_{km}) \, t] - 1}{\omega' - \omega_{km}} \right\} .$$

Nehmen wir $\omega_{km} > 0$ (bzw. $E_k > E_m$) an, so ist $W_{m \to k} = a_k(t)^* \, a_k(t)$ die Wahrscheinlichkeit für einen Absorptionsübergang. In diesem Fall trägt bei Frequenzen ω' in der Umgebung von ω_{km} nur der zweite Summand wesentlich zum Integral (4) bei, und wir erhalten

$$a_k(t) = \frac{1}{\hbar} \, (\psi_k, \mathscr{H}_1 \, \psi_m) \, \frac{\exp [- i \, (\omega' - \omega_{km}) \, t] - 1}{\omega' - \omega_{km}} \, .$$

Für die Übergangswahrscheinlichkeit der Absorption ergibt sich

$$\begin{aligned}
W_{m \to k} &= \frac{| \, (\psi_k, \mathscr{H}_1 \, \psi_m) \, |^2}{\hbar^2 \, (\omega' - \omega_{km})^2} \, | \, e^{-i \, (\omega' - \omega_{km}) \, t} - 1 \, |^2 \\
&= \frac{| \, (\psi_k, \mathscr{H}_1 \, \psi_m) \, |^2}{\hbar^2 \, (\omega' - \omega_{km})^2} \cdot 4 \sin^2 \left(\frac{\omega' - \omega_{km}}{2} \, t \right) .
\end{aligned}$$

Zur Übergangswahrscheinlichkeit der Emission $W_{k \to m} = | \, a_m(t) \, |^2$ trägt wegen $\omega_{mk} = - \omega_{km}$ nur der erste Summand des Integrals (4) bei. Die Übergangswahrscheinlichkeit der Emission $W_{k \to m} = | \, a_m(t) \, |^2$ ist auf Grund der Definition (V, 35) und (V, 36) gleich der Absorptionsüber-gangswahrscheinlichkeit, solange allein der Störoperator $\mathscr{H}_1(t)$ die Zeit-abhängigkeit des Zustandes bestimmt. Es ist also $W_{k \to m} = W_{m \to k} = W_{mk}$. (Die spontane Emission ist bei der kernmagnetischen Resonanz zu vernachlässigen.). Für die weitere Rechnung führen wir die Funktion

$$\varphi \, (\omega' - \omega) = \frac{\sin^2 \left(\dfrac{\omega' - \omega}{2} \, t \right)}{(\omega' - \omega)^2}$$

ein. Dann ist

$$W_{mk} = \frac{4}{\hbar^2} \, | \, (\psi_k, \mathscr{H}_1 \, \psi_m) \, |^2 \, \varphi \, (\omega' - \omega_{km}) \, . \tag{5}$$

W_{mk} ist die Wahrscheinlichkeit dafür, daß ein Kernspin in der Zeit t aus dem Zustand ψ_m in den Zustand ψ_k übergeht. Bei einem Kernresonanzexperiment mit einer flüssigen oder festen Probe haben wir es jedoch nicht mit einer unendlich scharfen Resonanzlinie, die dem Übergang $E_m \to E_k$ entspräche, zu tun. Schon die Unbestimmtheitsrelation $\Delta E \, \Delta t \gtrsim h$ fordert eine endliche Linienbreite bei endlicher Meßdauer. Die Kopplung der Kernmomente untereinander trägt ebenfalls zur Linienbreite bei. Wir wollen im folgenden* zur Beschreibung der Linienform von der Annahme ausgehen, daß sich die Übergangsfrequenzen der einzelnen Kernspins um geringe Beträge unterscheiden. In einer makroskopischen Probe haben wir demnach $N \sim 10^{23}$ Kernspins, deren Frequenzen ω_{km} über einen gewissen Frequenzbereich verteilt sind. Wir charakterisieren diese Verteilung durch eine Verteilungsfunktion $f(\omega)$ und setzen per definitionem $f(\omega) \, d\omega$ gleich dem Bruchteil dN/N der Kernspins, deren Frequenzen ω_{km} im Intervall zwischen ω und $\omega + d\omega$ liegen. Damit ist

$$\int \frac{dN}{N} = \int\limits_{-\infty}^{+\infty} f(\omega) \, d\omega = 1 \, .$$

Außerdem nehmen wir die Verteilung symmetrisch um eine Frequenz ω_{km}^0 an, bei der $f(\omega)$ ein Maximum hat (Abb. 14).

Strahlen wir nun in die Probe ein magnetisches Wechselfeld $H_1(t)$ mit der festen Frequenz ω' ein, so ist die Übergangswahrscheinlichkeit für den Bruchteil dN/N der Kernspins, deren Frequenz ω_{km} in einem Intervall zwischen ω und $\omega + d\omega$ liegt,

$$\begin{aligned}
d \, W_{mk} &= | \, a_k(t) \, |^2 \, f(\omega) \, d\omega \\
&= \frac{4}{\hbar^2} \, | \, (\psi_k, \mathscr{H}_1 \, \psi_m) \, |^2 \, \varphi \, (\omega' - \omega) \, f(\omega) \, d\omega \, .
\end{aligned}$$

Die Übergangswahrscheinlichkeit für die ganze Probe (dividiert durch die Anzahl N der Kernspins) ist demnach

$$W_{mk} = \frac{4}{\hbar^2} \, | \, (\psi_k, \mathscr{H}_1 \, \psi_m) \, |^2 \int\limits_{-\infty}^{+\infty} \varphi \, (\omega' - \omega) \, f(\omega) \, d\omega \, . \tag{6}$$

In Abb. 14 ist neben der Verteilungsfunktion $f(\omega)$ die Funktion $\varphi(\omega' - \omega)$ eingezeichnet. Sie hat ihr Maximum $\varphi(0) = t^2/4$ an der Stelle $\omega = \omega'$ und die ersten Nullstellen bei $\omega = \omega' \pm 2\pi/t$. Das heißt, mit wachsendem t

---

* Im nächsten Abschnitt b ist diese Annahme nicht nötig (siehe die Diskussion auf S. 96).

wird $\varphi(\omega' - \omega)$ immer schmaler, so daß man bei genügend langer Meßzeit $f(\omega)$ über dem Variationsbereich von $\varphi(\omega' - \omega)$ konstant gleich $f(\omega')$ annehmen und vor das Integral ziehen kann. Für das verbleibende Integral ergibt die Rechnung

$$\int_{-\infty}^{+\infty} \varphi\,(\omega' - \omega)\,d\omega = \tfrac{1}{2}\,\pi\,t\;.$$

Somit ist

$$W_{mk} = \frac{2\,\pi}{\hbar^2}\,|\,(\psi_k,\mathscr{H}_1\,\psi_m)\,|^2\,f(\omega')\,t\,,$$

und die Übergangswahrscheinlichkeit pro Zeiteinheit ist

$$P_{mk} = \frac{d}{dt}\,W_{mk} = \frac{2\,\pi}{\hbar^2}\,|\,(\psi_k,\mathscr{H}_1\,\psi_m)\,|^2\,f(\omega')\;. \tag{7}$$

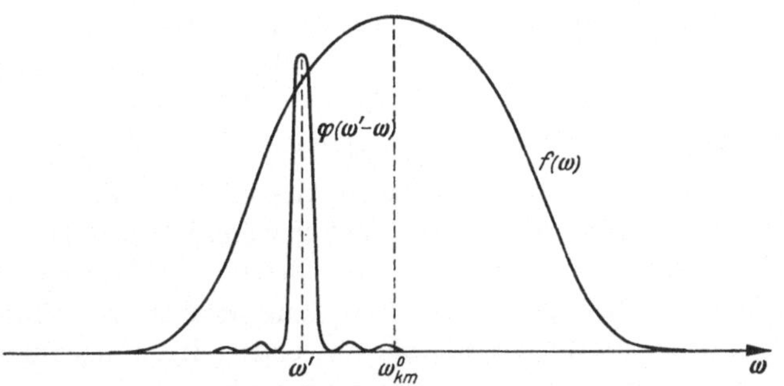

Abb. 14. Kernresonanzabsorption; $f(\omega)$: Verteilungsfunktion der Resonanzfrequenzen; $\varphi(\omega'-\omega)$: Gewichtsfunktion für die Übergangswahrscheinlichkeit

Bei der Ableitung von (7) haben wir von $\mathscr{H}_0$ und $\mathscr{H}_1(t)$ nur zwei spezielle Eigenschaften benutzt: $\mathscr{H}_1(t)$ soll erstens in der Form $\mathscr{H}_1(t) = 2\mathscr{H}_1\cos\omega't$ von der Zeit abhängen und zweitens gegenüber $\mathscr{H}_0$ als kleine Störung zu betrachten sein. Damit können wir für alle zeitunabhängigen Hamiltonoperatoren von Kap. III die Übergangswahrscheinlichkeit beim Einwirken einer schwachen Störung $\mathscr{H}_1(t) = 2\mathscr{H}_1\cos\omega't$ berechnen.

Wir betrachten zunächst noch einmal den einfachen Hamiltonoperator (2), um den Zusammenhang der Übergangswahrscheinlichkeit mit der Absorptionsintensität klar herauszuarbeiten. Der Einfachheit halber nehmen wir noch $I = \tfrac{1}{2}$ an, so daß nur Übergänge zwischen den beiden Termen

$$E_{-\frac{1}{2}} = \tfrac{1}{2}\,\gamma\,\hbar\,H_0$$

und

$$E_{+\frac{1}{2}} = -\tfrac{1}{2}\,\gamma\,\hbar\,H_0$$

von $\mathscr{H}_0$ vorkommen. Vor dem Einschalten des Magnetfeldes ($H_0 = 0$) sind die beiden Zustände entartet. Daher befinden sich unmittelbar nach dem Einschalten des Feldes gleich viele Spins in $E_{-\frac{1}{2}}$ und $E_{+\frac{1}{2}}$. Da die Übergangswahrscheinlichkeiten von Absorption und Emission unter dem Einfluß von $\vec{H}_1(t)$ gleich groß sind, wäre überhaupt keine Absorption aus dem elektromagnetischen Feld möglich, wenn es nicht einen Mechanismus gäbe, der unabhängig von $\vec{H}_1(t)$ Übergänge zwischen den Termen induziert und so eine ungleiche Verteilung der Spins auf die Energieniveaus bewirkt. In einer diamagnetischen Probe kommt im Fall $I = \frac{1}{2}$ für einen derartigen Mechanismus hauptsächlich die Dipol-Dipol-Kopplung der Kerne untereinander in Frage. Wir haben in Kap. III, d das Dipolfeld für das starreGitter behandelt. Infolge der thermischen Schwingungen des Gitters wirddieses Dipolfeld zeitabhängig und vermag Übergänge zwischen den Termen $E_{+\frac{1}{2}}$ und $E_{-\frac{1}{2}}$ zu induzieren. Die quantitative Theorie dieser Übergänge diskutieren wir erst in Abschnitt c dieses Kapitels. Vorerst machen wir nur die plausible Annahme, daß sich infolge der thermischen Bewegung des Gitters eine vorgegebene Verteilung der Spins auf die Zustände $E_{+\frac{1}{2}}$ und $E_{-\frac{1}{2}}$ nach einem exponentiellen Zeitgesetz (10) an die Boltzmann-Verteilung annähert, die im thermischen Gleichgewicht das Spinsystem beschreibt. Man bezeichnet gewöhnlich den Mechanismus, der das Spinsystem mit dem Gitter ins Gleichgewicht bringt, als Spin-Gitter-Relaxation. In diesem Zusammenhang wird auch in Flüssigkeiten das Wort „Gitter" für die Kerndipole verwendet, die infolge ihrer thermischen Bewegung im Spinsystem Übergänge induzieren.

Wir betrachten ein Spinsystem bestehend aus $N_+ + N_- = N \approx 10^{23}$ Spins. N_+ sei die Zahl der Spins im Zustand $E_{+\frac{1}{2}}$ und N_- die Zahl in $E_{-\frac{1}{2}}$. Denken wir uns das magnetische Wechselfeld $\vec{H}_1(t)$ noch ausgeschaltet, so steht das Spinsystem nur unter dem Einfluß der zeitabhängigen Dipolkopplung (Spin-Gitter-Relaxation). Nach genügend langer Zeit haben sich die Besetzungszahlen N_+^0 und N_-^0 des thermischen Gleichgewichtes eingestellt, und es gilt nach dem Boltzmannschen Verteilungsgesetz

$$\frac{N_-^0}{N_+^0} = \frac{\exp\left(-E_{-\frac{1}{2}}/kT\right)}{\exp\left(-E_{+\frac{1}{2}}/kT\right)} = \exp\left(\frac{-\gamma\hbar H_0}{kT}\right) \approx 1 - \frac{\gamma\hbar H_0}{kT}. \tag{8}$$

(Die Näherung für die Exponentialfunktion gilt bis zu Temperaturen unterhalb $1°$ K.) Für die Differenz der relativen Besetzungszahlen im Gleichgewicht erhalten wir

$$n_0 \equiv \frac{N_+^0}{N} - \frac{N_-^0}{N} = \frac{\gamma\hbar H_0}{2kT}. \tag{9}$$

Sei zu einem Zeitpunkt t die Differenz der relativen Besetzungszahlen durch $n = (N_+ - N_-)/N$ gegeben, so bedeutet die Annahme einer exponentiellen Annäherung an das Gleichgewicht:

$$\frac{dn}{dt} = \frac{n_0 - n}{T_1}. \tag{10}$$

Die Konstante T_1 hat die Dimension einer Zeit und wird als Spin-Gitter-Relaxationszeit bezeichnet. Im nächsten Abschnitt b werden wir eine „longitudinale Relaxationszeit" kennen lernen, die sich als mit T_1 identisch erweist. Bis zum Abschnitt c werden wir T_1 als empirischen Parameter der phänomenologischen Relaxationsgleichung (10) betrachten. Im Abschnitt c wird die Gleichung (10) begründet und es wird T_1 mit der Struktur des „Gitters" in Beziehung gebracht.

Denken wir uns zu einem Zeitpunkt t ein magnetisches Wechselfeld $\vec{H}_1(t) = 2\,\vec{H}_1 \cos \omega' t$ eingeschaltet, so wird in der Folge die Zeitabhängigkeit der Besetzungsdifferenz n nicht mehr durch die Differentialgleichung (10) beschrieben, da auch $\vec{H}_1(t)$ Übergänge zwischen den Termen induziert und damit die Besetzungszahlen verändert. Die zeitliche Änderung von n unter dem Einfluß von $\vec{H}_1(t)$ wird durch die Übergangswahrscheinlichkeit in der Zeiteinheit (7)

$$P \equiv P_{-\frac{1}{2}\,\frac{1}{2}} = \frac{2\pi}{\hbar^2} \,|\,(\psi_{\frac{1}{2}}, \mathscr{H}_1\,\psi_{-\frac{1}{2}})\,|^2\, f(\omega') \tag{11}$$

bestimmt. Die Wahrscheinlichkeit für einen Übergang, der die relative Besetzungsdifferenz n verändert, ist gleich der Differenz von relativer Absorptionsübergangswahrscheinlichkeit $(N_+/N)\,P$ und relativer Emissionsübergangswahrscheinlichkeit $(N_-/N)\,P$ — d. h. gleich $n\,P$. Da sich bei jedem Übergang die Differenz $N_+ - N_-$ um zwei Einheiten ändert, gilt für die Abnahme der Besetzungsdifferenz in der Zeiteinheit $-\dfrac{dn}{dt}$ unter dem Einfluß von $\vec{H}_1(t)$

$$-\frac{dn}{dt} = 2\,n\,P. \tag{12}$$

Für die Änderung von n unter dem Einfluß der Spin-Gitter-Relaxation und des Feldes $\vec{H}_1(t)$ ergibt sich schließlich mit (10)

$$\frac{dn}{dt} = \frac{n_0 - n}{T_1} - 2\,n\,P. \tag{13}$$

Zur Berechnung der Absorptionsintensität bei stationärer Einstrahlung benötigen wir die Besetzungsdifferenz n_s im stationären Zustand $\left(\dfrac{dn}{dt} = 0\right)$. Diese ist nach (13)

$$n_s = n_0\,\frac{1}{1 + 2\,PT_1}. \tag{14}$$

6*

Die im stationären Zustand pro Zeiteinheit aus dem Strahlungsfeld entnommene Energie $A(\omega')$ (d. h. die von den N Spins der Probe absorbierte Leistung) ist gleich der Differenz $n_s P$ von Absorptions- und Emissionsübergangswahrscheinlichkeit multipliziert mit der Energie $E_{-\frac{1}{2}} - E_{\frac{1}{2}}$ $= \gamma \hbar H_0$ pro Übergang und weiterhin multipliziert mit der Zahl N der Spins:

$$A(\omega') = n_s\, P\, \gamma\, \hbar\, H_0\, N\,. \tag{15}$$

Setzen wir n_s aus (14), n_0 aus (9) und P aus (11) ein, so folgt

$$A(\omega') = \frac{\pi\,\gamma^2\,H_0^2\,N}{kT}\,|\,(\psi_{\frac{1}{2}},\,\mathscr{H}_1\,\psi_{-\frac{1}{2}})\,|^2 f(\omega')\,\frac{1}{1 + \dfrac{4\,\pi}{\hbar^2}\,|\,(\psi_{\frac{1}{2}},\,\mathscr{H}_1\,\psi_{-\frac{1}{2}})\,|^2 f(\omega')\,T_1}\,. \tag{16}$$

Nach (3) ist

$$\mathscr{H}_1 = -\,\gamma\,\hbar\,H_1\,\boldsymbol{I}_x = -\,\tfrac{1}{2}\,\gamma\,\hbar\,H_1\,(\boldsymbol{I}_+ + \boldsymbol{I}_-)\,.$$

Demnach ist mit (V, 25)

$$|\,(\psi_{\frac{1}{2}},\,\mathscr{H}_1\,\psi_{-\frac{1}{2}})\,|^2 = \tfrac{1}{4}\,\gamma^2\,\hbar^2\,H_1^2\,|\,(\alpha,\,(\boldsymbol{I}_+ + \boldsymbol{I}_-)\,\beta)\,|^2$$

$$= \tfrac{1}{4}\,\gamma^2\,\hbar^2\,H_1^2\,.$$

Dies ergibt für die Absorptionsintensität

$$A(\omega') = \frac{\pi}{4\,kT}\,\gamma^4\,\hbar^2\,H_0^2\,H_1^2\,N f(\omega')\,\frac{1}{1 + \pi\,\gamma^2\,H_1^2\,f(\omega')\,T_1}\,. \tag{17}$$

Der Faktor

$$S = \frac{1}{1 + \pi\,\gamma^2\,H_1^2\,f(\omega')\,T_1}$$

wird als Sättigungsfaktor bezeichnet, da bei großen H_1-Feldern ($\pi\,\gamma^2\,H_1^2\,f(\omega')\,T_1 \gg 1$)

$$A \approx \gamma^2\,\hbar^2\,H_0^2\,N/4\,k\,T\,T_1$$

unabhängig von der Frequenz ω' wird, so daß an der Resonanzstelle $\omega_0 = \gamma\,H_0$ keine Änderung von A nachgewiesen werden kann (Sättigung). Bei kleinen H_1-Feldern ($\pi\,\gamma^2\,H_1^2\,f(\omega')\,T_1 \ll 1$) ist dagegen

$$A(\omega') \sim f(\omega')\,.$$

Eine experimentelle Anordnung, welche die absorbierte Leistung $A(\omega')$ in Abhängigkeit von der Frequenz messen kann, ist daher in der Lage, die Absorptionskurve $f(\omega)$ (Abb. 14) aufzunehmen. Eine solche Anordnung ist zum Beispiel der in der Einleitung erwähnte Oszillator (Abb. 1). Im Anschluß an unsere Betrachtungen zu Abb. 14 muß gefordert werden, daß sich die Frequenz ω' des Oszillators so langsam ändert (langsamer Resonanzdurchgang)*, daß bei jeder Frequenz eine genügend lange

---

* Wegen der Resonanzbedingung $\omega_0 = \gamma\,H_0$ ist es für die obige Betrachtung gleichgültig, ob bei konstantem Magnetfeld H_0 die Oszillatorfrequenz ω' oder bei konstanter Oszillatorfrequenz die Magnetfeldstärke verändert wird, wie dies in der Praxis meist geschieht.

Meßzeit t zur Verfügung steht, so daß man in (6) $f(\omega)$ vor das Integral ziehen kann. Das bedeutet: die Zeit des Resonanzdurchgangs muß groß sein, verglichen mit der reziproken Halbwertsbreite $(\varDelta\omega)^{-1}$ der Frequenzverteilung $f(\omega)$.

Die Berechnung der Absorptionsintensität, die wir für Spins $I = \frac{1}{2}$ mit dem Hamiltonoperator (2) durchgeführt haben, läßt sich auf beliebige Spins I und beliebige zeitunabhängige Hamiltonoperatoren $\mathcal{H}_0$ [auch für N-Spin-Systeme (III, 13)] erweitern. An Stelle des allgemeinen Falles betrachten wir das in Kap. III, b, 2 behandelte Beispiel eines 2-Spin-Systems mit dem Hamiltonoperator (III, 15)

$$\mathcal{H}_0 = \varepsilon_1\, I_z(1) + \varepsilon_2\, I_z(2) + h\, J\, I_z(1)\, I_z(2) + \tfrac{1}{2}\, h\, J\, [I_+(1)\, I_-(2) + I_-(1)\, I_+(2)]\,.$$

Die Eigenwerte von $\mathcal{H}_0$ sind nach (III, 19)

$$\begin{aligned}
E_1 &= \tfrac{1}{2}\,(\varepsilon_1 + \varepsilon_2) + \tfrac{1}{4}\, h\, J\\
E_2 &= \tfrac{1}{2}\,\sqrt{(\varepsilon_1 - \varepsilon_2)^2 + h^2\, J^2} - \tfrac{1}{4}\, h\, J\\
E_3 &= -\tfrac{1}{2}\,\sqrt{(\varepsilon_1 - \varepsilon_2)^2 + h^2\, J^2} - \tfrac{1}{4}\, h\, J\\
E_4 &= -\tfrac{1}{2}\,(\varepsilon_1 + \varepsilon_2) + \tfrac{1}{4}\, h\, J\,.
\end{aligned} \tag{18}$$

Zur Berechnung der Eigenzustände gehen wir von der Basis (III, 16)

$$\begin{aligned}
\psi_1 &= \alpha(1)\,\alpha(2)\\
\psi_2 &= \alpha(1)\,\beta(2)\\
\psi_3 &= \beta(1)\,\alpha(2)\\
\psi_4 &= \beta(1)\,\beta(2)
\end{aligned} \tag{19}$$

aus. Man erhält für den Eigenzustand Φ_q zum Eigenwert E_q nach (V, 11)

$$\Phi_q = \sum_{k=1}^{4} a_{qk}\,\psi_k\,, \tag{20}$$

wobei a_{qk} die Lösungen des linearen Gleichungssystems (V, 12)

$$\sum_{k=1}^{4} a_{qk}\,(\mathcal{H}_{jk} - \delta_{jk}\, E_q) = 0 \tag{21}$$

mit

$$\mathcal{H}_{jk} = (\psi_j, \mathcal{H}_0\,\psi_k)$$

sind. Wie wir in Kap. III, b, 2 (siehe auch Kap. III, b, 4, α für N Spins) schon gesehen haben, zerfällt die Säkulardeterminante $|\,\mathcal{H}_{jk} - \delta_{jk}\, E\,|$ in drei Faktoren, die einzeln gleich Null sind. Daraus folgt, daß die Funktionen

$$\begin{aligned}
\Phi_1 &= \psi_1 = \alpha(1)\,\alpha(2)\\
\Phi_4 &= \psi_4 = \beta(1)\,\beta(2)
\end{aligned} \tag{22}$$

schon Eigenzustände von $\mathcal{H}_0$ zu den Eigenwerten E_1 und E_4 sind. Für die Eigenzustände zu E_2 und E_3 folgt aus (20)

$$\begin{aligned}
\Phi_2 &= a_{22}\,\psi_2 + a_{23}\,\psi_3\\
\Phi_3 &= a_{32}\,\psi_2 + a_{33}\,\psi_3\,.
\end{aligned} \tag{23}$$

Da Φ_2 und Φ_3 normiert und orthogonal sein sollen, folgt aus $(\Phi_2, \Phi_2) = (\Phi_3, \Phi_3) = 1$ und $(\Phi_2, \Phi_3) = 0$ mit $a_{22} \equiv a$: $a_{23} = (1 - a^2)^{\frac{1}{2}}$, $a_{32} = \mp (1 - a^2)^{\frac{1}{2}}$ und $a_{33} = \pm a$. Die Gleichung $\sin \varphi = (1 - \cos^2 \varphi)^{\frac{1}{2}}$ legt es nahe, einen Winkel φ einzuführen, so daß $a \equiv \cos \varphi$ ist. Dann erhalten wir aus (23)

$$\Phi_2 = \psi_2 \cos \varphi + \psi_3 \sin \varphi$$
$$\pm \Phi_3 = - \psi_2 \sin \varphi + \psi_3 \cos \varphi \,. \tag{24}$$

Aus (21) folgt für $q = 2$, $j = 2$ und $k = 2, 3$

$$(\mathscr{H}_{22} - E_2) \cos \varphi + \mathscr{H}_{23} \sin \varphi = 0 \,.$$

Setzt man $\mathscr{H}_{22}$, $\mathscr{H}_{23}$ und E_2 aus (III, 18) und (III, 19) ein, so folgt nach kurzer Rechnung

$$\tan 2 \varphi = \frac{h J}{\varepsilon_1 - \varepsilon_2} = \frac{J}{v_0 \delta} \,. \tag{25}$$

Wir betrachten jetzt zwei Zustände (18) E_j und E_k, die im Gleichgewicht mit N_j^0 und N_k^0 Spins besetzt sein sollen. Machen wir für die Annäherung einer beliebigen momentanen Besetzung N_j, N_k an die Gleichgewichtswerte N_j^0, N_k^0 wieder die Annahme (10), so gilt unter dem Einfluß eines magnetischen Wechselfeldes $2 \vec{H}_1 \cos \omega' t$ wieder die Gleichung (13) mit (7)

$$P \equiv P_{jk} = \frac{2 \pi}{\hbar^2} \, | \, (\Phi_j, \mathscr{H}_1 \Phi_k) \, |^2 \, f(\omega')$$

und

$$\mathscr{H}_1 = - \gamma \, \hbar \, H_1 \, [\boldsymbol{I}_x(1) + \boldsymbol{I}_x(2)] = - \gamma \, \hbar \, H_1 \, \boldsymbol{F}_x \,.$$

Die weitere Berechnung der Absorptionsintensität $A(\omega')$ geschieht wie im Fall *eines* Spins $I = \frac{1}{2}$. Es ergibt sich eine Gleichung, in der analog zu (16) bei kleinen H_1-Feldern (Sättigungsfaktor $S = 1$)

$$A(\omega') = C \, | \, (\Phi_j, \mathscr{H}_1 \Phi_k) \, |^2 \, f(\omega') \tag{26}$$

ist. Dabei ist C eine von j und k unabhängige Konstante, und $f(\omega')$ beschreibt die Linienform in der Umgebung von $\omega_{jk} = \hbar^{-1} (E_j - E_k)$. Nehmen wir für alle Übergänge ω_{jk} die gleiche Linienform an, so sind die Intensitäten der Übergänge proportional zu

$$| \, (\Phi_j, \mathscr{H}_1 \Phi_k) \, |^2 = \gamma^2 \, \hbar^2 \, H_1^2 \, | \, (\Phi_j, \boldsymbol{F}_x \Phi_k) \, |^2 \,.$$

Die Matrixelemente $(\Phi_j, \boldsymbol{F}_x \Phi_k)$ lassen sich mit

$$\boldsymbol{F}_x = \tfrac{1}{2} \, [\boldsymbol{I}_+(1) + \boldsymbol{I}_-(1) + \boldsymbol{I}_+(2) + \boldsymbol{I}_-(2)]$$

leicht ausrechnen. Als Ergebnis erhält man für die relativen Intensitäten mit (22) und (24)

$$| \, (\Phi_1, \boldsymbol{F}_x \Phi_2) \, |^2 = | \, (\Phi_2, \boldsymbol{F}_x \Phi_4) \, |^2 = \tfrac{1}{4} \, (\cos \varphi + \sin \varphi)^2$$
$$| \, (\Phi_1, \boldsymbol{F}_x \Phi_3) \, |^2 = | \, (\Phi_3, \boldsymbol{F}_x \Phi_4) \, |^2 = \tfrac{1}{4} \, (\cos \varphi - \sin \varphi)^2 \tag{27}$$
$$| \, (\Phi_1, \boldsymbol{F}_x \Phi_4) \, |^2 = | \, (\Phi_2, \boldsymbol{F}_x \Phi_3) \, |^2 = 0 \,.$$

Für den Spezialfall $\tan 2\,\varphi = J/\nu_0\,\delta = 1$ sind die Intensitäten in Abb. 8 angegeben.

Das Verschwinden der beiden Matrixelemente $(\Phi_1, \boldsymbol{F}_x\,\Phi_4)$ und $(\Phi_2, \boldsymbol{F}_x\,\Phi_3)$ folgt auch aus der allgemein für N-Spin-Systeme geltenden Auswahlregel $\Delta\,m = \pm 1$, wenn m die Eigenwerte von $\boldsymbol{F}_z$ sind. Seien etwa ψ und φ Produktfunktionen vom Typ $\alpha(1)\,\alpha(2)\,\beta(3)\,\ldots\,\alpha(N)$, so sind die Matrixelemente $(\psi, \boldsymbol{F}_x\,\varphi) = \tfrac{1}{2}$, wenn sich die Produkte ψ und φ in einem und nur einem Faktor unterscheiden. In jedem anderen Fall sind sie gleich Null. Als Beispiel schreiben wir für $N = 3$ ausführlich hin:

$$(\alpha(1)\,\alpha(2)\,\beta(3),\ \boldsymbol{F}_x\,\alpha(1)\,\beta(2)\,\beta(3)) = (\alpha(1)\,\alpha(2)\,\beta(3),\ \boldsymbol{I}_x\,(2)\,\alpha(1)\,\beta(2)\,\beta(3))$$

$$= \tfrac{1}{2}\,(\alpha(1),\,\alpha(1))\,(\alpha(2),\,[\boldsymbol{I}_+(2) + \boldsymbol{I}_-(2)]\,\beta(2))\,(\beta(3),\,\beta(3)) = \tfrac{1}{2}\,.$$

b) Blochsche Gleichungen

Nach der Behandlung der Energieabsorption eines Spinsystems in der Näherung der zeitabhängigen Störungstheorie werden wir nun die Wechselwirkung von magnetischen Kernmomenten mit einem zeitlich veränderlichen Magnetfeld exakt behandeln. Wir betrachten zunächst die Bewegung eines einzelnen magnetischen Moments $\gamma\,\hbar\,\vec{I}$ in einem homogenen zeitlich veränderlichen Magnetfeld $\vec{H}(t)$. Weiter unten nehmen wir speziell $\vec{H}(t) = \vec{H}_0 + \vec{H}_1(t)$, $H_1 \perp H_0$ und $H_1 \ll H_0$ an. Der Hamiltonoperator der Wechselwirkung hat die Form

$$\mathscr{H}(t) = -\,\gamma\,\hbar\,(\vec{H}(t),\,\vec{I}). \tag{28}$$

Für den Bewegungszustand des Kernmomentes gilt die zeitabhängige Schrödinger-Gleichung (V, 32)

$$\mathscr{H}(t)\,\Psi(t) = i\,\hbar\,\frac{\partial}{\partial t}\,\Psi(t)\,. \tag{29}$$

Hieraus erhalten wir für die Zeitabhängigkeit des Erwartungswertes $(\Psi(t),\,\vec{I}\,\Psi(t))$, da der Operator $\vec{I}$ nicht von der Zeit abhängt*,

---

* Wir verwenden durchgehend den Formalismus des „Schrödinger-Bildes", in dem die Orts- und Impulsoperatoren und demzufolge auch die Drehimpuls- und Spinoperatoren zeitunabhängig, die Zustandsfunktionen dagegen zeitabhängig sind. Der Hamiltonoperator (28) hängt explizit von der Zeit ab. Das heißt, wir behandeln ein System, in dem der Energieerhaltungssatz nicht gilt.

In Kap. II, a konnten wir durch Transformation in ein gedrehtes Koordinatensystem K' erreichen, daß das Magnetfeld $\vec{H} = \vec{H}_0 + \vec{H}_1$ — und damit auch die Energie eines magnetischen Momentes $\vec{M}$ in diesem Magnetfeld — zeitlich konstant wird. Analog kann man in der Quantenmechanik bei magnetischen Drehfeldern die explizite Zeitabhängigkeit des Hamiltonoperators vermeiden, wenn man in einem mit der Frequenz des Drehfeldes rotierenden Koordinatensystem rechnet.

In Gleichung (31) bzw. (32) haben wir einen Spezialfall des Ehrenfestschen Theorems vor uns, welches besagt, daß für die Erwartungswerte der quantenmechanischen Operatoren die klassischen Bewegungsgleichungen gelten.

$$\frac{\partial}{\partial t}\,(\Psi(t),\,\vec{I}\,\Psi(t)) = \left(\frac{\partial}{\partial t}\,\Psi(t),\,\vec{I}\,\Psi(t)\right) + \left(\Psi(t),\,\vec{I}\,\frac{\partial}{\partial t}\,\Psi(t)\right)$$

$$= \left(\Psi(t),\,\frac{i}{\hbar}\,[\mathscr{H}(t)\,\vec{I} - \vec{I}\,\mathscr{H}(t)]\,\Psi(t)\right). \qquad (30)$$

Setzt man $\mathscr{H}(t)$ aus (28) ein und berücksichtigt die Vertauschungsrelationen zwischen I_x, I_y und I_z, so folgt

$$\frac{\partial}{\partial t}\,(\Psi(t),\,\vec{I}\,\Psi(t)) = (\Psi(t),\,\gamma\,[\vec{I} \times \vec{H}(t)]\,\Psi(t))$$

$$= \gamma\,(\Psi(t),\,\vec{I}\,\Psi(t)) \times \vec{H}(t). \qquad (31)$$

Liegen an Stelle eines einzelnen Spins $N \sim 10^{23}$ ungekoppelte Spins einer makroskopischen Probe vom Volumen V vor, so ist die makroskopisch beobachtbare Magnetisierung $\vec{M}\star$ gleich der Vektorsumme der Erwartungswerte $\gamma\,\hbar\,(\Psi^{(j)}(t),\,\vec{I}^{(j)}(t)\,\Psi^{(j)}(t))$ in der Volumeneinheit, also

$$\vec{M} = \frac{1}{V}\sum_{j}\gamma\,\hbar\,(\Psi^{(j)}(t),\,\vec{I}^{(j)}\,\Psi^{(j)}(t)). \qquad (31a)$$

Für die Zeitabhängigkeit von $\vec{M}$ folgt

$$\frac{\partial\vec{M}}{\partial t} = \frac{1}{V}\sum_{j}\gamma\,\hbar\,\frac{\partial}{\partial t}\,(\Psi^{(j)}(t),\,\vec{I}^{(j)}\,\Psi^{(j)}(t))$$

$$= \frac{\gamma^2\,\hbar}{V}\left\{\sum_{j}(\Psi^{(j)}(t),\,\vec{I}^{(j)}\,\Psi^{(j)}(t))\right\} \times \vec{H}(t) \qquad (32)$$

$$= \gamma\,\vec{M} \times \vec{H}(t).$$

Damit haben wir wegen $\dfrac{\partial\vec{M}}{\partial t} = \dfrac{d\vec{M}}{dt}$ die gleiche Bewegungsgleichung (II, 9) abgeleitet, die sich bei der klassischen Behandlung in Kap. II, a ergeben hat. Alle weiteren Folgerungen aus dieser Gleichung, die wir in Kap. II, a abgeleitet haben, gelten für eine Gesamtheit isolierter Kernmomente, wie sie etwa bei der kernmagnetischen Resonanz in Atomstrahlen realisiert sind. Bei der kernmagnetischen Resonanz in Festkörpern, Flüssigkeiten und Gasen unter nicht zu niedrigem Druck sind jedoch Wechselwirkungen der Kernmomente untereinander (z. B. die schon im vorhergehenden Abschnitt erwähnte zeitabhängige magnetische Dipol-Dipol-Kopplung) zu berücksichtigen, die einen Einfluß auf die Zeitabhängigkeit von $\vec{M}$ haben.

Wir wollen an dieser Stelle den Mechanismus der Wechselwirkungen zwischen den Kernmomenten noch nicht näher untersuchen. Wir gehen vielmehr von der Erfahrung aus, daß sich in einer Probe, die N Spins in einem Volumen V enthalten möge, in einem statischen Magnetfeld $\vec{H}_0$ nach einiger Zeit die Kernmagnetisierung

---

$\star$ Anders als in Kap. II, a bezeichnen wir hier mit dem Buchstaben $\vec{M}$ die Magnetisierung, d. h., das magnetische Moment pro Volumeneinheit.

$$\vec{M}_0 = \chi_0 \, \vec{H}_0 \tag{33}$$

einstellt, wobei

$$\chi_0 = \frac{\gamma^2 \, \hbar^2 \, I \, (I+1)}{3 \, k \, T} \, \frac{N}{V} \tag{34}$$

der Anteil der Kernmomente an der Volumensuszeptibilität der Probe ist, wie er sich aus der Boltzmann-Statistik ergibt, wenn man $\gamma \, \hbar \, \sqrt{I(I+1)}$ für den Betrag eines Kerndipolmomentes setzt. Nun nehmen wir zu irgendeinem Zeitpunkt in der Probe eine momentane Magnetisierung $\vec{M}$ an*. Legen wir die z-Achse eines kartesischen Koordinatensystems parallel zu $\vec{H}_0$, so bedeutet (33), daß nach einiger Zeit die x- und y-Komponenten von $\vec{M}$ verschwunden sind, während die z-Komponente sich dem Gleichgewichtswert M_{0z}** angenähert hat. Die einfachsten Gleichungen, die ein solches Verhalten von $\vec{M}$ beschreiben, sind von der Form

$$\frac{dM_x}{dt} = - \frac{M_x}{T_2}, \quad \frac{dM_y}{dt} = - \frac{M_y}{T_2}, \tag{35a}$$

$$\frac{dM_z}{dt} = - \frac{M_z - M_{0z}}{T_1}. \tag{35b}$$

Es ist vernünftig, zwei verschiedene Zeitkonstanten T_1 und T_2 für die zeitliche Änderung der longitudinalen Komponente M_z und der transversalen Komponenten M_x und M_y anzunehmen, da die Änderung von M_z mit einem Energietransport zwischen Spinsystem und „Gitter" verbunden ist, während bei der Änderung von M_x und M_y die Energie des Spinsystems konstant bleibt. Nach F. Bloch wird T_1 als thermische oder longitudinale Relaxationszeit, T_2 als transversale Relaxationszeit bezeichnet.

Die Gleichungen (35) fassen wir ebenso wie Gleichung (10) als heuristischen Ansatz zur Beschreibung der Kernresonanzrelaxation auf. Eine Begründung für ihre Gültigkeit werden wir in Abschnitt c für den Fall niedrig viskoser Flüssigkeiten geben. In Festkörpern ist die Kernresonanzrelaxation in vielen Fällen komplizierter und läßt sich nicht mehr durch (35) beschreiben.

Lassen wir in Richtung der x-Achse ein schwaches magnetisches Wechselfeld $\vec{H}_1(t) = 2 \, \vec{H}_1 \cos \omega t$ auf die Probe einwirken, so haben wir dieselbe experimentelle Anordnung vor uns wie in Abschnitt a***. Wir zerlegen hier jedoch $\vec{H}_1(t)$ in die Summe

---

* Dies läßt sich experimentell durch einen HF-Impuls verwirklichen.

** Wie in Kap. II, a unterscheiden wir streng zwischen der z-Komponente a_z und dem Betrag $|\vec{a}| = |a_z| = a$ eines Vektors $\vec{a}$ (z. B. $\vec{M}, \vec{H}_0, \vec{\omega}$) parallel zur z-Achse.

*** Dort hatten wir die Frequenz des Wechselfeldes mit ω' bezeichnet, um sie von der Variablen ω zu unterscheiden.

$$\vec{H}_1(t) = \vec{H}_R(t) + \vec{H}_L(t)$$
$$\vec{H}_R(t) = H_1\,(\vec{i}\,\cos\omega t + \vec{j}\,\sin\omega t) \qquad\qquad (36)$$
$$\vec{H}_L(t) = H_1\,(\vec{i}\,\cos\omega t - \vec{j}\,\sin\omega t)$$

zweier Drehfelder und betrachten die Probe nur unter dem Einfluß des Feldes

$$\vec{H}(t) = \vec{H}_0 + \vec{H}_R(t)\,. \qquad\qquad (37)$$

Der Vektor $\vec{H}_R(t)$ dreht sich im Sinne einer Rechtsschraube (Gegenuhrzeigersinn) um die z-Achse, der Vektor $\vec{H}_L(t)$ im Sinne einer Linksschraube. Wir werden zeigen, daß $\vec{H}_L(t)$ in der Umgebung der interessierenden Resonanzstelle (II, 15) $\vec{\omega}_0 = -\,\gamma\,\vec{H}_0$ vernachlässigt werden kann*. Der Vernachlässigung von $\vec{H}_L(t)$ entspricht in Abschn. a die Vernachlässigung des ersten Summanden in (4). Hätten wir die Störungsrechnung mit dem Drehfeld $\vec{H}_R(t)$ also mit dem Störoperator

$$\mathscr{H}_R(t) = \tfrac{1}{2}\,\gamma\,\hbar\,H_1\,(I_-\,e^{i\omega't} + I_+\,e^{-i\omega't})$$

durchgeführt, so wäre der erste Summand bei der Berechnung von $W_{-\frac{1}{2}\to\frac{1}{2}}$ wegen $(\alpha,\,I_-\,\beta) = 0$ exakt verschwunden.

Nimmt man an, daß sich die Wirkungen der Relaxation (35) und des Magnetfeldes (32) (37) auf die zeitliche Änderung der Magnetisierung $\vec{M}$ additiv zusammensetzen, so lautet die Bewegungsgleichung für $\vec{M}$:

$$\frac{d\vec{M}}{dt} = \gamma\,\vec{M}\times\vec{H}(t) - \frac{1}{T_2}\,(M_x\,\vec{i} + M_y\,\vec{j}) - \frac{1}{T_1}\,(M_z - M_{0z})\,\vec{k} \qquad (38\mathrm{a})$$

oder in Komponenten

$$\frac{dM_x}{dt} = \gamma\,[M_y\,H_z - M_z\,H_y(t)] - \frac{M_x}{T_2}$$
$$\frac{dM_y}{dt} = \gamma\,[M_z\,H_x(t) - M_x\,H_z] - \frac{M_y}{T_2} \qquad\qquad (38\mathrm{b})$$
$$\frac{dM_z}{dt} = \gamma\,[M_x\,H_y(t) - M_y\,H_x(t)] - \frac{M_z - M_{0z}}{T_1}$$

mit $|H_z| = H_0$, $H_x(t) = H_1\cos\omega t$ und $H_y(t) = H_1\sin\omega t$.

Zur Lösung dieser „Blochschen Gleichungen" führen wir wie in Kap. II, a außer dem ruhenden Koordinatensystem K (Achsen x, y, z; Einheitsvektoren $\vec{i}$, $\vec{j}$, $\vec{k}$) ein rotierendes Koordinatensystem K' mit den

---

* Wir könnten ebenso gut das Magnetfeld $\vec{H}_0 + \vec{H}_L(t)$ wählen und $\vec{H}_R(t)$ in der Umgebung der Resonanzfrequenz vernachlässigen. Im Gegensatz zu (40a) wäre dann die Resonanzstelle bei $\vec{\omega}_0 = \gamma\,\vec{H}_0$; $\gamma > 0$. Bei der Einstrahlung eines Wechselfeldes (37) $\vec{H}_1(t) = \vec{H}_R(t) + \vec{H}_L(t)$ erhält man demnach zwei Resonanzstellen bei $-\,\gamma\,\vec{H}_0$ und $+\,\gamma\,\vec{H}_0$.

Achsen x', y', $z' = z$ und den Einheitsvektoren $\vec{i}'$, $\vec{j}'$, $\vec{k}' = \vec{k}$ ein. K' dreht sich gegenüber K mit der Winkelgeschwindigkeit $\vec{\omega}$ um die z-Achse (Abb. 4). Damit ist wie in Kap. II, a $\vec{H}_R(t)$ ein in K' zeitlich konstanter Vektor, der wieder in die Richtung der x'-Achse weisen möge. Nach (II, 11) wirkt auf die Probe in K' ein effektives Magnetfeld (II, 17a)

$$\vec{H}' = H_1\, \vec{i}' + \left(H_{0z} + \frac{\omega_z}{\gamma}\right)\vec{k} \tag{39}$$

mit $|\,H_{0z}\,| = H_0$ und $|\,\omega_z\,| = \omega$. Wir führen wieder (II, 15) (II, 20)

$$\vec{\omega}_0 = -\,\gamma\,\vec{H}_0 \tag{40a}$$

$$\vec{\omega}_1 = -\,\gamma\,\vec{H}_1 \tag{40b}$$

und außerdem

$$\omega_z + \gamma\,H_{0z} = \omega_z - \omega_{0z} = \Delta\,\omega$$

als Abkürzungen ein und erhalten so für die Blochschen Gleichungen im System K'

$$\frac{d'M_{x'}}{dt} = -\,\frac{M_{x'}}{T_2} + \Delta\,\omega\,M_{y'}$$

$$\frac{d'M_{y'}}{dt} = -\,\Delta\,\omega\,M_{x'} - \frac{M_{y'}}{T_2} - \omega_1\,M_z \tag{41}$$

$$\frac{d'M_z}{dt} = \omega_1\,M_{y'} - \frac{M_z - M_{0z}}{T_1}\,.$$

Die stationäre Lösung von (41), die sich nach dem Abklingen der Anfangswerte nach einiger Zeit einstellt, erhalten wir, indem wir

$$\frac{d'M_{x'}}{dt} = \frac{d'M_{y'}}{dt} = \frac{d'M_z}{dt} = 0$$

setzen. Damit ist $\vec{M}$ ein in K' zeitlich konstanter Vektor, dessen Komponenten sich durch Lösung des linearen Gleichungssystems (41) leicht ausrechnen lassen. Als Ergebnis erhalten wir

$$M_{x'} = \frac{\Delta\,\omega\,\gamma\,H_1\,T_2^2\,M_{0z}}{1 + (T_2\,\Delta\,\omega)^2 + \gamma^2\,H_1^2\,T_1\,T_2}$$

$$M_{y'} = \frac{\gamma\,H_1\,T_2\,M_{0z}}{1 + (T_2\,\Delta\,\omega)^2 + \gamma^2\,H_1^2\,T_1\,T_2} \tag{42}$$

$$M_z = \frac{[1 + (\Delta\,\omega\,T_2)^2]\,M_{0z}}{1 + (T_2\,\Delta\,\omega)^2 + \gamma^2\,H_1^2\,T_1\,T_2}\,.$$

Die Rücktransformation von $\vec{M}$ in das ruhende Laborsystem geschieht durch Lösung der Differentialgleichung (II, 10) mit $\vec{g} = \vec{M}$ und den Anfangsbedingungen $M_x(0) = M_{x'}$ und $M_y(0) = M_{y'}$. Die Lösung ist bekanntlich

$$M_x(t) = M_{x'} \cos \omega t - M_{y'} \sin \omega t$$

$$M_y(t) = M_{x'} \sin \omega t + M_{y'} \cos \omega t \tag{43}$$

$$M_z = M_{z'}\,.$$

$M_{x'}$ und $M_{y'}$ sind in ihrer Abhängigkeit von $\varDelta \omega$ in Abb. 15 eingezeichnet. $M_{x'}$ ist eine ungerade Funktion von $\varDelta \omega$, die bei

$$\varDelta \omega = \pm \frac{1}{T_2} (1 + \gamma^2 H_1^2 T_1 T_2)^{\frac{1}{2}}$$

Extremwerte vom Betrage

$$|M_{x'}^{(\mathrm{max})}| = \frac{|\gamma| H_1 T_2 M_0}{2 (1 + \gamma^2 H_1^2 T_1 T_2)^{\frac{1}{2}}}$$

annimmt. Für große H_1-Felder nähert sich $|M_{x'}^{(\mathrm{max})}|$ asymptotisch dem Wert

$$\frac{M_0}{2} \left(\frac{T_2}{T_1}\right)^{\frac{1}{2}}.$$

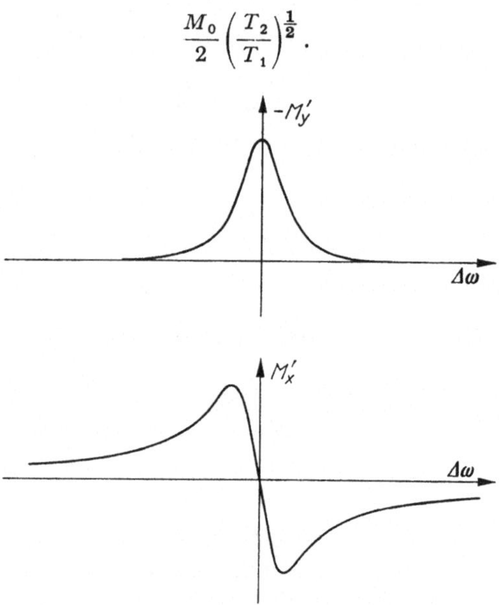

Abb. 15. a) Absorptionskurve; b) Dispersionskurve

$M_{y'}$ ist eine gerade Funktion von $\varDelta \omega$, deren Betrag ein Maximum

$$|M_{y'}^{(\mathrm{max})}| = \frac{|\gamma| H_1 T_2 M_0}{1 + \gamma^2 H_1^2 T_1 T_2}$$

an der Resonanzstelle $\varDelta \omega = 0$ annimmt. $M_{y'}$ ist bei kleinem H_1 proportional zu H_1 und geht bei großem H_1 mit $1/H_1$ gegen Null. Dazwischen liegt ein maximaler Wert

$$\frac{M_0}{2} \left(\frac{T_2}{T_1}\right)^{\frac{1}{2}},$$

der gleich dem maximalen Wert von $|M_{x'}^{(\mathrm{max})}|$ ist. Mit wachsendem $|\varDelta \omega|$ gehen $M_{x'}$ und $M_{y'}$ asymptotisch gegen Null. Bedenken wir, daß die Komponente $\vec{H}_L(t)$ des magnetischen Wechselfeldes um $|\varDelta \omega| = 2 \omega_0$

von der Resonanzstelle entfernt ist, so ist einzusehen, daß es berechtigt war, $\vec{H}_L(t)$ gegenüber $\vec{H}_R(t)$ zu vernachlässigen. Wir werden im folgenden in der Umgebung der Resonanzstelle $\vec{\omega}_0 = - \gamma \vec{H}_0$ wieder mit $\vec{H}_1(t) \approx \vec{H}_R(t)$ argumentieren.

Zum Nachweis der Magnetisierung (43) denken wir uns in der Probe eine Spule mit nur einer Windung angebracht, die eine Fläche F umschließen möge. Nach dem Induktionsgesetz wird in dieser Spule eine Spannung (in el. stat. Einh.)

$$U = - \frac{1}{c} \frac{d}{dt} \int (\vec{B}, \vec{n})\, d F$$

$$= - \frac{F}{c} \frac{d}{dt} (\vec{B}, \vec{n}) \tag{44a}$$

$$= - \frac{F}{c} \frac{d}{dt} ([\vec{H}_1(t) + 4\,\pi\,\vec{M}(t)],\quad \vec{n})$$

induziert. Dabei wurde angenommen, daß $\vec{H}_1$ homogen über F ist. $\vec{n}$ ist der Normaleneinheitsvektor von F. Ist $\vec{n}$ parallel zur y-Achse und damit senkrecht zu $\vec{H}_1(t)$ orientiert, so erhält man für die induzierte Spannung

$$U = \frac{4\,\pi\,F\,\omega}{c} \left(- M_{x'} \cos \omega t + M_{y'} \sin \omega t \right) . \tag{44b}$$

Eine experimentelle Anordnung dieser Art, bei der die Empfängerspule vollständig* vom Sender entkoppelt ist, wurde von BLOCH in seinen ersten Kernresonanzexperimenten verwendet. Er gebrauchte in diesem Zusammenhang den Ausdruck ‚Kerninduktion' (nuclear induction), da in seiner Versuchsanordnung die in der Empfängerspule induzierte Spannung (44b) von den Kernmomenten verursacht wird. Heute wird bei käuflichen Kernresonanzspektrometern die Blochsche Zweispulenmethode verwendet, wenn eine möglichst hohe Empfindlichkeit erreicht werden soll. Die Einspulenmethode, bei der die Spule, die das H_1-Feld erzeugt, auch zum Empfang des Kernresonanzsignals dient ($\vec{n} \parallel x$-Achse), wird in Schaltungen verwendet, die eine möglichst große Stabilität eines hochaufgelösten Kernresonanzspektrums erreichen sollen. In beiden Anordnungen besteht die HF-Spannung des Kernresonanzsignals aus zwei Komponenten, die gegeneinander um $\pi/2$ phasenverschoben sind und eine getrennte Registrierung von $M_{x'}$ und $M_{y'}$ zulassen.

---

* In Wirklichkeit werden aus HF-technischen Gründen Sender und Empfänger schwach gekoppelt (engl.: leakage), um ein Trägersignal zu erhalten, dem das schwache Kernresonanzsignal überlagert wird. Nach (44a) ist die Trägerspannung in Phase mit dem zweiten Summanden von (44b), so daß die demodulierte Ausgangsspannung proportional zu $M_{y'}$ ist. Verschiebt man die Phase der Trägerspannung um $\pi/2$, so ist die Ausgangsspannung proportional zu $M_{x'}$.

Die von der Probe aus dem H_1-Feld absorbierte Leistung pro Volumeneinheit erhalten wir aus der zeitlichen Änderung der Energiedichte

$$u = \frac{1}{4\,\pi} \int (\vec{H}_1(t),\, d\,\vec{B}(t))$$

$$= \frac{1}{8\,\pi}\, H_1(t)^2 + \int (\vec{H}_1(t),\, d\,\vec{M}(t))$$

des Feldes. Der erste Summand $H_1(t)^2/8\,\pi$ ist die Energiedichte in der leeren Spule. Der zweite Summand $\int (\vec{H}_1(t),\, d\,\vec{M}(t))$ kommt hinzu, wenn sich in der Spule das Spinsystem mit der Magnetisierung $\vec{M}(t)$ befindet. Wir setzen das zur x-Achse parallele magnetische Wechselfeld $\vec{H}_1(t) = 2\,H_1 \cos \omega t\, \vec{i}$ und die Änderung der Magnetisierung (43)

$$dM_x(t) = \frac{dM_x(t)}{dt}\, dt = -\,\omega\, (M_{x'} \sin \omega t + M_{y'} \cos \omega t)\, dt$$

in das skalare Produkt ein und erhalten so

$$\int (\vec{H}_1(t),\, d\,\vec{M}(t)) = -\,2\,H_1\,\omega \int \cos \omega t\, (M_{x'} \sin \omega t + M_{y'} \cos \omega t)\, dt \ . \qquad (45)$$

Zur Berechnung der absorbierten Leistung $A(\omega)$ pro Volumeneinheit integrieren wir (45) über eine Periode $\tau = 2\,\pi/\omega$ und dividieren durch τ:

$$A(\omega) = \frac{1}{\tau} \int\limits_0^\tau (\vec{H}_1(t),\, d\,\vec{M}(t))$$

$$= -\,\frac{2\,H_1\,\omega^2}{2\,\pi} \int\limits_0^{2\pi/\omega} \cos \omega t\, (M_{x'} \sin \omega t + M_{y'} \cos \omega t)\, dt$$

$$= -\,\omega\,H_1\,M_{y'} \ . \qquad (46)$$

Die absorbierte Leistung ist also proportional zu $M_{y'}$ und unabhängig von $M_{x'}$. Daher bezeichnet man $M_{y'}$ in seiner Abhängigkeit von ω (Abb. 15b) als Absorptionskurve. $M_{x'}$ ist die dazu gehörende Dispersionskurve*. Geometrisch hat $M_{y'}$ die Form einer Lorentz-Kurve

$$a\,f(\omega) = \frac{a}{\pi\,b}\, \frac{1}{1 + \left(\dfrac{\omega - \omega_0}{b}\right)^2} \ . \qquad (47)$$

a ist eine Konstante, die zur Normierung von $f(\omega)$ eingeführt wird. (d. h.: a wird so gewählt, daß $\int f(\omega)\, d\omega = 1$.)

    $2\,b$ ist die Halbwertsbreite** von $f(\omega)$. Setzt man in (42)

---

* In der Literatur sind die Bezeichnungen $u = M_{x'}$ und $v = \dfrac{-\,\gamma}{|\gamma|}\, M_{y'}$ gebräuchlich.

** Es ist $\omega_{1/2} - \omega_0 = b$, wenn $\omega_{1/2}$ durch die Gleichung $1/f(\omega_{1/2}) = \pi\,b \left[1 + \left(\dfrac{\omega_{1/2} - \omega_0}{b}\right)^2\right] = 2/f(\omega_0) = 2\,\pi\,b$ definiert wird.

$$\frac{\pi \gamma H_1 M_{0z}}{(1 + \gamma^2 H_1^2 T_1 T_2)^{\frac{1}{2}}} = a$$

$$\frac{1}{T_2} (1 + \gamma^2 H_1^2 T_1 T_2)^{\frac{1}{2}} = b \tag{48}$$

$$(\Delta \omega)^2 = (\omega - \omega_0)^2 \,,$$

so erhält man die Lorentz-Kurve (47) mit $M_{y'} = a\, f(\omega)$.

Ein Vergleich der absorbierten Leistung (46) mit dem Wert (17), den wir aus der zeitabhängigen Störungsrechnung erhalten hatten, sollte möglich sein, wenn wir in (17) für $f(\omega)$ eine Lorentz-Kurve annehmen. Wir schreiben (17) zunächst noch etwas um, indem wir aus (33) und (34)

$$\frac{\gamma^2 \hbar^2 N}{4\, kT} H_{0z} = M_{0z}$$

und außerdem $\gamma H_{0z} = - \omega_{0z} \approx - \omega$ einsetzen. (Dabei haben wir $V = 1$ angenommen, da sich (46) auf das Einheitsvolumen bezieht.) Dies ergibt für (17)

$$A(\omega) = - \pi \omega \gamma H_1^2 M_{0z} f(\omega) \frac{1}{1 + \pi \gamma^2 H_1^2 f(\omega)\, T_1} \,.$$

Definieren wir eine Relaxationszeit T_2' durch die reziproke Halbwertsbreite

$$\tfrac{1}{2} T_2' \equiv \frac{1}{2\,b} \tag{49}$$

so folgt aus (47)

$$f(\omega) = \frac{T_2'}{\pi} \frac{1}{1 + (\Delta \omega\, T_2')^2}$$

und somit

$$A(\omega) = - \omega \gamma H_1^2 M_{0z} T_2' \frac{1}{1 + (\Delta \omega\, T_2')^2 + \gamma^2 H_1^2 T_1 T_2'} \,. \tag{50}$$

Diese Gleichung wäre mit (46) identisch, wenn man $T_2' = T_2$ setzen könnte. Aus (48) und (49) folgt jedoch

$$T_2' = T_2 (1 + \gamma^2 H_1^2 T_1 T_2)^{-\frac{1}{2}} \,. \tag{51}$$

Demnach liefert die zeitabhängige Störungstheorie nur im Fall vernachlässigbarer Sättigung ($\gamma^2 H_1^2 T_1 T_2 \ll 1$) das gleiche Ergebnis wie die Blochschen Gleichungen. Bei großem H_1-Feld wird

$$T_2' = \frac{1}{b} \sim \frac{1}{H_1} \,, \tag{52}$$

während die transversale Relaxationszeit T_2 konstant ist. Dieser Unterschied ist nicht erstaunlich, wenn wir bedenken, daß $f(\omega)$ (und damit auch die Halbwertsbreite $2\,b$) in der zeitabhängigen Störungstheorie eine andere physikalische Ursache hat als in den Blochschen Gleichungen. In den Blochschen Gleichungen haben alle Kernspins die gleiche

Resonanzfrequenz ω_0. Die endliche Linienbreite ergibt sich als Folge der zeitabhängigen Wechselwirkungen der Spins untereinander (35) und mit dem H_1-Feld (32). Ebenso sind die Lorentz-Form und die Sättigungsverbreiterung (52) der Resonanzlinie eine Folge dieser Wechselwirkungen.

In der Behandlung der Kernresonanzabsorption nach der zeitabhängigen Störungstheorie haben wir für die Kernspins der Probe verschiedene Resonanzfrequenzen angenommen, die alle in der Umgebung einer Mittenfrequenz ω_0 liegen. $f(\omega)$ ist die Verteilungsfunktion für diese Resonanzfrequenzen und damit unabhängig von der Relaxation (10) und dem H_1-Feld. Wie wir in Kap. III, d gesehen haben, wird in vielen Festkörpern $f(\omega)$ allein durch die zeitunabhängige Dipol-Dipol-Kopplung bestimmt und läßt sich oft angenähert durch eine Gauß-Kurve wiedergeben.

Die Frage nach der adäquaten Beschreibung in einem realen Fall läßt sich ohne explizite Berücksichtigung aller zeitabhängigen und zeitunabhängigen Kopplungen nur durch das Experiment beantworten. Wird bei Lorentzscher Linienform das Sättigungsverhalten durch (46) richtig beschrieben, so ist die Annahme einer gleichen Resonanzfrequenz ω_0 für alle Spins gerechtfertigt. Dies ist bei Kernresonanzlinien in Flüssigkeiten meist der Fall. Weicht die Linienform von der Lorentz-Kurve ab, so ist bei kleinen H_1-Feldern die zeitabhängige Störungstheorie zur Beschreibung der Kernresonanzabsorption geeignet. Das Sättigungsverhalten läßt sich in diesem Fall im Rahmen der bisher behandelten Theorie nicht richtig beschreiben.

Es gibt zahlreiche wichtige Anwendungen der Blochschen Gleichungen, auf die wir in dieser Einführung nicht näher eingehen können. Bei den stationären Lösungen ist insbesondere noch die Kernresonanz in Systemen mit Austauschreaktionen zu erwähnen, die z. B. in der chemischen Kinetik schneller Reaktionen ein breites Anwendungsgebiet gefunden hat. Die kernmagnetische Resonanz läßt sich in derartigen Systemen durch gekoppelte Blochsche Gleichungen beschreiben, in denen die Austauschreaktionen als zusätzliche Relaxationsmechanismen enthalten sind. In einfachen Fällen ist auf diese Weise die Bestimmung von Geschwindigkeitskonstanten schneller Reaktionen aus einer Linienformanalyse möglich.

Die Anwendung der Blochschen Gleichungen auf die kernmagnetische Resonanz bei nicht stationärer HF-Einstrahlung nimmt in der Literatur einen breiten Raum ein. Man geht dabei von (38a) aus und löst die Gleichung für die verschiedenen interessierenden Magnetfelder $\vec{H}_1(t)$. Wegen Einzelheiten muß auf die Literatur* verwiesen werden.

---

* z. B.: Laukien, G.: Handbuch der Physik XXXVIII, 1, S. 120 ff. Berlin-Göttingen-Heidelberg: Springer 1958.

c) Relaxationszeiten

Bisher haben wir die Relaxationszeiten T_1 und T_2 als empirische Konstanten betrachtet, die in den phänomenologischen Relaxationsgleichungen [(35) bzw. (10)] auftreten. In einer allgemeinen Theorie der Kernresonanzrelaxation sollten die Gleichungen (35) aus der explizit behandelten Spin-Gitter-Wechselwirkung folgen und es sollte sich ein quantitativer Zusammenhang von T_1 und T_2 mit dieser Wechselwirkung ergeben.

Wir wollen in diesem Abschnitt die Theorie der Kernresonanzrelaxation in Flüssigkeiten an Hand eines einfachen Beispiels entwickeln. Wir verwenden dazu die Methode der zeitabhängigen Störungstheorie in einer Form[1,2], wie sie uns schon aus Kap. V, c und IV, a bekannt ist. Die Darstellung der Theorie in dieser Form ist in mancher Hinsicht unbefriedigend. Sie ist jedoch vergleichsweise einfach und vermittelt einen guten Einblick in die physikalischen Vorgänge. Daher hat sie als Einführung in die Kernresonanzrelaxation auch heute noch ihre Berechtigung. Die Grenzen der Methode werden in unserer Darstellung klar herausgestellt. Dadurch wird die Notwendigkeit einer umfassenderen Theorie einsichtig. Die allgemeine Theorie der Kernresonanzrelaxation, wie sie von WANGNESS und BLOCH[3] und unabhängig von KUBO und TOMITA[4] entwickelt wurde, ist in den Büchern von ABRAGAM[5] und SLICHTER[6] ausführlich dargestellt.

Als einfaches Beispiel betrachten wir die Relaxation durch Dipol-Dipol-Wechselwirkung in einem 2-Spin-System mit gleichen Spins. Wir denken etwa an Wasser ($H_2^1O^{16}$), das in geringer Menge in Schwefelkohlenstoff ($C^{12}S_2^{32}$) gelöst sei. O^{16}, C^{12} und S^{32} haben den Kernspin $I = 0$. Da der Abstand verschiedener Wassermoleküle in der Lösung genügend groß ist, kommt für die Kernresonanzrelaxation nur die intramolekulare Dipol-Dipol-Wechselwirkung der magnetischen Protonenmomente in Frage.* Ein herausgegriffenes Wassermolekül führt in der Lösung eine regellose Bewegung aus, die sich aus Translationen und Rotationen zusammensetzt. Den Anteil der Molekülschwingungen können wir außer

---

[1] BLOEMBERGEN, N., E. M. PURCELL, and R. V. POUND: Phys. Rev. 73, 679 (1948).

[2] SOLOMON, I.: Phys. Rev. 99, 559 (1955).

[3] WANGNESS, R. K., and F. BLOCH: Phys. Rev. 89, 729 (1953); BLOCH, F.: ibid. 102, 104 (1956); 105, 1206 (1957). Siehe auch REDFIELD, A. G.: IBM J. Research and Development 1, 19 (1957).

[4] KUBO, R., and K. TOMITA: J. Phys. Soc. Japan 9, 888 (1954).

[5] ABRAGAM, A.: The Principles of Nuclear Magnetism. Oxford: Clarendon Press, 1961.

[6] SLICHTER, C. P.: Principles of Magnetic Resonance. New York: Harper and Row 1963.

* Bei hohen Temperaturen ist auch die Spin-Rotations-Wechselwirkung zu berücksichtigen [SMITH, D. W. G., and J. G. POWLES: Mol. Phys. 10, 451 (1966)].

acht lassen, da die Schwingungsfrequenzen von H_2O im IR-Bereich liegen und daher keinen wirksamen Relaxationsmechanismus darstellen. Die Translationen haben keinen Einfluß auf die Dipol-Dipol-Kopplung.

Wir schreiben den Hamiltonoperator für ein H_2O-Molekül in einem statischen Magnetfeld $\vec{H}_0$ (parallel zur z-Achse eines kartesischen Koordinatensystems) in der Form

$$\mathcal{H} = \mathcal{H}_G + \mathcal{H}_M + \mathcal{H}_D \tag{53a}$$

$$\mathcal{H}_M = -\gamma \hbar H_0 [I_z(1) + I_z(2)] \tag{53b}$$

$$\mathcal{H}_D = \gamma^2 \hbar^2 \left\{ \frac{(\vec{I}(1), \vec{I}(2))}{r^3} - 3\frac{(\vec{I}(1), \vec{r}(t))\,(\vec{I}(2), \vec{r}(t))}{r^5} \right\} \tag{53c}$$

$\mathcal{H}_G$ beschreibt unter anderem die Wechselwirkung des Moleküls mit den umgebenden CS_2-Molekülen und hängt nicht von den Spinoperatoren ab. Da $\mathcal{H}_G$ zu einer Rotation des Moleküls führt, wird die Orientierung des H-H-Abstandsvektors $\vec{r}$ zeitabhängig. Damit wird $\mathcal{H}_D$ zu einer zeitabhängigen Kopplung der Dipole. Die Zeitabhängigkeit von $\mathcal{H}_D$ wird jedoch durch diejenige von $\vec{r}(t)$ und damit durch $\mathcal{H}_G$ bestimmt. Auf diese Weise kommt eine Wechselwirkung des Spinsystems mit dem ‚Gitter' zustande.

Vor einer quantitativen Behandlung der Wechselwirkungen (53) machen wir folgende vereinfachenden Annahmen:

(a) *Alle Variablen mit Ausnahme der Spinoperatoren lassen sich klassisch behandeln.* Wir betrachten $\vec{r}(t)$ als eine statistische Funktion, deren Zeitabhängigkeit durch die regellosen Wechselwirkungen $\mathcal{H}_G$ bestimmt wird. Die Form von $\mathcal{H}_G$ lassen wir unbestimmt. Wir fordern lediglich, daß sich die N in der CS_2-Lösung befindlichen H_2O-Moleküle infolge der Wechselwirkung mit dem Lösungsmittel im thermischen Gleichgewicht befinden. Dies bedeutet für das Spinsystem, daß sich nach einer gewissen Zeit eine Boltzmann-Verteilung über die Spinzustände einstellt, wenn zu irgend einem Zeitpunkt (man denke etwa an den Zeitpunkt nach dem Einschalten des Magnetfeldes $\vec{H}_0$ oder nach einem HF-Impuls) eine andere Verteilung vorgelegen hat.

(b) *Der Zustand des Spinsystems läßt sich durch Besetzungszahlen beschreiben.* Diese Annahme ist besonders einschneidend* und wird weiter unten ausführlich diskutiert.

---

* Wir erinnern in diesem Zusammenhang noch einmal an die Behandlung der Relaxationsgleichung (10). Dort werden $N = N_+ + N_-$ voneinander unabhängige Spins betrachtet, von denen sich N_+ im Eigenzustand $M = \frac{1}{2}$ von I_z und N_- im Eigenzustand $M = -\frac{1}{2}$ von I_z befinden sollen. Die makroskopische Magnetisierung der Probe ist demnach durch die Differenz der Besetzungszahlen $N_+ - N_-$ bestimmt. Diese Magnetisierung ist wegen der Unabhängigkeit der Spins zwangsläufig parallel zur z-Achse. Eine Magnetisierung senkrecht zur z-Achse, wie sie in jedem Kernresonanzexperiment beobachtet wird, steht im Widerspruch zu der Annahme, das Spinsystem lasse sich durch die Besetzungszahlen N_+ und N_- beschreiben.

Nach diesen Vereinfachungen ergibt sich für den Zustand des Systems von N Spinpaaren im Magnetfeld $\vec{H}_0$ das folgende Bild (Abb. 16):

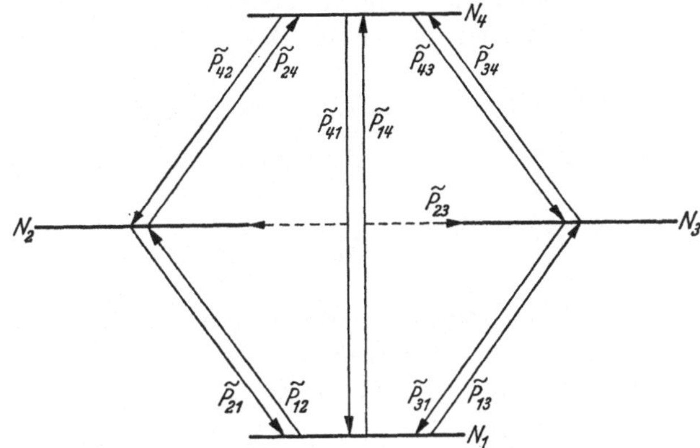

Abb. 16. Terme und Übergänge für das 2-Spin-System

Für jedes Molekül gibt es vier Eigenzustände

$$\psi_1 = \alpha(1)\,\alpha(2)$$
$$\psi_2 = \alpha(1)\,\beta(2)$$
$$\psi_3 = \beta(1)\,\alpha(2) \tag{54}$$
$$\psi_4 = \beta(1)\,\beta(2)$$

zu den Eigenwerten

$$E_1 = -\,\gamma\,\hbar\,H_0$$
$$E_2 = E_3 = 0 \tag{55}$$
$$E_4 = \gamma\,\hbar\,H_0$$

von $\mathcal{H}_M$. Zu irgend einem Zeitpunkt t befinden sich $N_j = N_j(t)$ Moleküle im Zustand ψ_j. Da ψ_2 und ψ_3 zur gleichen Energie gehören, ist $N_2 = N_3$. Außerdem ist $\sum\limits_{j=1}^{4} N_j = N$.

Nach Kap. V, c, 2 ist W_{jk} die Wahrscheinlichkeit, zu einem Zeitpunkt t ein Molekül im Zustand ψ_k vorzufinden, wenn es sich zur Zeit $t = 0$ im Zustand ψ_j befunden hat. Hat man an einem Molekül zur Zeit t den Zustand ψ_k gemessen, so nennen wir[**]

$$d\,W_{kl} \equiv P_{kl}\,dt \tag{55a}$$

[**] Es ist nicht ohne weiteres gerechtfertigt, auf Grund von (55a) P_{kl} mit dem Differentialquotienten von W_{kl} nach der Zeit gleichzusetzen. In Gl. (7) ist dies möglich, da W_{kl} der Zeit proportional und damit P_{kl} zeitlich konstant ist. Bei der Zeitabhängigkeit (53c) mit der statistischen Funktion $\vec{r}(t)$ ist zunächst nicht einzusehen, warum die P_{kl} zeitlich konstant sein sollen. Tatsächlich sind sie es auch nur im Mittel über alle Moleküle der Probe. Diese Mittelung ist implizit in der Annahme (b) enthalten, der Zustand des Spinsystems lasse sich durch Besetzungszahlen beschreiben. (Siehe auch die Diskussion auf S. 107.)

die Wahrscheinlichkeit, es zur Zeit $t + dt$ im Zustand ψ_l vorzufinden.

Wir betrachten nun die N Moleküle unseres Systems, die sich ja alle in Eigenzuständen von $\mathcal{H}_M$ befinden sollen. Zum Zeitpunkt t mögen sich N_k Moleküle im Zustand ψ_k befinden. Dann gehen in der Zeit zwischen t und $t + dt$

$$- d\,N'_k = N_k\,d\,W_{kl} = N_k\,P_{kl}\,dt$$

Moleküle in den Zustand ψ_l über. (Da hierbei die Zahl N_k abnimmt, schreiben wir $- d\,N'_k$.)

$$- \frac{dN_k}{dt} = N_k \sum_{l\,(\neq k)} P_{kl}$$

ist demnach die Zahl der Moleküle, die pro Zeiteinheit in irgend einen Zustand übergehen. Da in der Zeit dt auch Moleküle aus Zuständen ψ_l in den Zustand ψ_k übergehen, folgt für die Änderung der Besetzungszahl N_k in der Zeiteinheit

$$\frac{dN_k}{dt} = - N_k \sum_l P_{kl} + \sum_l N_l\,P_{lk} \tag{56}$$

Diese sog. Hauptgleichung (engl.: master equation), die hier für einen Spezialfall abgeleitet wurde, spielt in der Quantenstatistik eine fundamentale Rolle.

Für die Übergangswahrscheinlichkeiten infolge der zeitabhängigen Störung $\mathcal{H}_D(t)$ ergibt sich nach den Gleichungen (V, 36) und (V, 41)

$$P_1 \equiv P_{12} = \frac{1}{\hbar^2}\frac{d}{dt}\,\Big|\int_0^t \langle\,\psi_1\,|\,\mathcal{H}_D(t')\,|\,\psi_2\,\rangle\,e^{-i\omega_0 t'}\,dt'\,\Big|^2$$

$$P_2 \equiv P_{14} = \frac{1}{\hbar^2}\frac{d}{dt}\,\Big|\int_0^t \langle\,\psi_1\,|\,\mathcal{H}_D(t')\,|\,\psi_4\,\rangle\,e^{-2i\omega_0 t'}\,dt'\,\Big|^2 \tag{57}$$

mit $\omega_0 = \gamma\,H_0$ und $P_{12} = P_{21} = P_{13} = P_{31} = P_{34} = P_{43} = P_{24} = P_{42}$ sowie $P_{14} = P_{41}$ (siehe S. 79). Mit diesen Gleichungen folgt im stationären Zustand $d\,N_k/dt = 0$ (für alle k) die Gleichverteilung der Moleküle über alle Terme. Das heißt, es ist $\lim\limits_{t\to\infty} N_k = N/4$ für alle k. Dies steht aber im Widerspruch zu unserer Forderung, daß sich infolge der Spin-Gitter-Wechselwirkung nach genügend langer Zeit eine Boltzmann-Verteilung einstellen muß. Dieser Widerspruch ist eine Folge der klassischen Behandlung der Gittervariablen [Vereinfachung (a)]. Bei einer vollständigen quantenmechanischen Behandlung der Spin-Gitter-Wechselwirkung würden wir im stationären Zustand eine Boltzmann-Verteilung erhalten. Wir können jedoch den Widerspruch, den die halbklassische Behandlung mit sich bringt, umgehen, indem wir die Übergangswahrscheinlichkeiten P_{jk} in geeigneter Weise abändern. Wir ersetzen die P_{jk} durch neue Größen

$$\tilde{P}_{jk} = P_{jk} \exp\left(\frac{E_j}{kT}\right).$$ (58)

Nun ergibt (56) im stationären Zustand

$$- N_k^0 \sum_{l=1}^{4} P_{kl} \exp\left(\frac{E_k}{kT}\right) + \sum_{l=1}^{4} N_l^0 \, P_{lk} \exp\left(\frac{E_l}{kT}\right)$$

$$= \sum_{l=1}^{4} \left[N_l^0 \exp\left(\frac{E_l}{kT}\right) - N_k^0 \exp\left(\frac{E_k}{kT}\right) \right] P_{kl} = 0 \,.$$

Diese Gleichung wird erfüllt durch die Besetzungszahlen N_k^0 im thermischen Gleichgewicht, wie sie sich aus dem Boltzmannschen Verteilungsgesetz ergeben:

$$N_k^0 = \tfrac{1}{4} \, N \exp\left(\frac{-E_k}{kT}\right)$$ (59)

für alle k.

Allgemein gilt, wenn in (56) die P_{kl} durch die neuen Übergangswahrscheinlichkeiten $\tilde{P}_{kl}$ aus (58) ersetzt werden,

$$\frac{dN_k}{dt} = \sum_{l=1}^{4} \left[N_l \exp\left(E_l/kT\right) - N_k \exp\left(E_k/kT\right) \right] P_{kl} \,.$$

Führt man die Näherung (8) für die Exponentialfunktion ein, so gilt in der Umgebung des Gleichgewichtes

$$N_l \exp\left(E_l/kT\right) \approx N_l \left(1 + E_l/kT\right) \approx N_l + N \, E_l/4 \, kT \,.$$

Dies ergibt

$$\frac{dN_k}{dt} = \sum_l \left[N_l - N_k + \frac{N}{4\,kT} \left(E_l - E_k\right) \right] P_{kl} \,.$$

Setzen wir aus (59)

$$N_k^0 - N_l^0 = \frac{N}{4} \left[\exp\left(- E_k/kT\right) - \exp\left(- E_l/kT\right) \right] \approx \frac{N}{4\,kT} \left(E_l - E_k\right)$$

ein, so folgt

$$\frac{dN_k}{dt} = \sum_{l=1}^{4} \left[N_l - N_l^0 - \left(N_k - N_k^0\right) \right] P_{kl} \,.$$ (60)

Mit den Beziehungen (57) ergeben sich daraus die Gleichungen ($N_2 = N_3$)

$$\frac{dN_1}{dt} = 2 \, P_1 \left(N_2 - N_2^0\right) + P_2 \left(N_4 - N_4^0\right) - \left(2 \, P_1 + P_2\right) \left(N_1 - N_1^0\right)$$ (61a)

$$\frac{dN_2}{dt} = P_1 \left[\left(N_1 - N_1^0\right) + \left(N_4 - N_4^0\right) - 2 \left(N_2 - N_2^0\right) \right]$$ (61b)

$$\frac{dN_4}{dt} = 2 \, P_1 \left(N_2 - N_2^0\right) + P_2 \left(N_1 - N_1^0\right) - \left(2 \, P_1 + P_2\right) \left(N_4 - N_4^0\right).$$ (61c)

Die Magnetisierung ($\vec{M} \parallel \vec{H}_0 \parallel z$-Achse) der Probe ist nach (31a) und (54)

$$M_z = \frac{\gamma\hbar}{V} \left[N_1 \langle \, \psi_1 \mid I_z(1) + I_z(2) \mid \psi_1 \, \rangle + N_4 \langle \, \psi_4 \mid I_z(1) + I_z(2) \mid \psi_4 \, \rangle \right]$$

$$= \frac{\gamma \hbar}{V} (N_1 - N_4) \, .$$

Für die zeitliche Änderung von M_z folgt mit (61a) und (61c)

$$\frac{dM_z}{dt} = - 2 \, (P_1 + P_2) \, (M_z - M_{0z}) \, . \tag{62}$$

Durch Vergleich von (62) mit der empirischen Relaxationsgleichung (35b)

$$\frac{dM_z}{dt} = - \frac{1}{T_1} \, (M_z - M_{0z})$$

folgt

$$\frac{1}{T_1} = 2 \, (P_1 + P_2) \, . \tag{63}$$

Zur Berechnung der Übergangswahrscheinlichkeiten P_1 und P_2 führen wir zunächst die Differentiationen (57) aus:

$$P_1 = \frac{1}{\hbar^2} \Big\{ \langle \psi_1 \, | \, \mathscr{H}_D(t) \, | \, \psi_2 \rangle \, e^{-i\omega_0 t} \int_0^t \langle \psi_2 \, | \, \mathscr{H}_D(t') \, | \, \psi_1 \rangle \, e^{i\omega_0 t'} \, dt'$$

$$+ \Big[\int_0^t \langle \psi_1 \, | \, \mathscr{H}_D(t') \, | \, \psi_2 \rangle \, e^{-i\omega_0 t'} \, dt' \Big] \langle \psi_2 \, | \, \mathscr{H}_D(t) \, | \, \psi_1 \rangle \, e^{i\omega_0 t} \Big\} \tag{64}$$

$$= \frac{1}{\hbar^2} \Big[\int_0^t \langle \psi_1 \, | \, \mathscr{H}_D(t) \, | \, \psi_2 \rangle \langle \psi_2 \, | \, \mathscr{H}_D(t') \, | \, \psi_1 \rangle \, e^{-i\omega_0(t-t')} \, dt'$$

$$+ \text{konj. kompl.} \Big]$$

$$P_2 = \frac{1}{\hbar^2} \Big[\int_0^t \langle \psi_1 \, | \, \mathscr{H}_D(t) \, | \, \psi_4 \rangle \langle \psi_4 \, | \, \mathscr{H}_D(t') \, | \, \psi_1 \rangle \, e^{-2 i\omega_0(t-t')} \, dt'$$

$$+ \text{konj. kompl.} \Big] \, .$$

Den Hamiltonoperator (53c) schreiben wir in einer etwas anderen Form [siehe Gl. (III, 62)]:

$$\mathscr{H}_D(t) = \big\{ I_z(1) \, I_z(2) - \tfrac{1}{4} \, [I_+(1) \, I_-(2) + I_-(1) \, I_+(2)] \big\} \, F_0(t)$$
$$+ \, [I_+(1) \, I_z(2) + I_z(1) \, I_+(2)] \, F_1(t) + [I_-(1) \, I_z(2) + I_z(1) \, I_-(2)] \, F_1(t)^*$$
$$+ \, I_+(1) \, I_+(2) \, F_2(t) + I_-(1) \, I_-(2) \, F_2(t)^* \tag{65}$$

$$F_0(t) = k \, [1 - 3 \cos^2 \vartheta(t)]$$
$$F_1(t) = - \tfrac{3}{2} \, k \sin \vartheta(t) \cos \vartheta(t) \, e^{-i\varphi(t)} \tag{66}$$
$$F_2(t) = - \tfrac{3}{4} \, k \sin^2 \vartheta(t) \, e^{-2 i\varphi(t)}$$
$$k = \hbar^2 \gamma^2 / r^3, \quad r = \text{const.}$$

Dies ergibt für die Matrixelemente

$$\langle \psi_1 \, | \, \mathscr{H}_D(t) \, | \, \psi_2 \rangle = \tfrac{1}{2} \, F_1(t)$$
$$\langle \psi_1 \, | \, \mathscr{H}_D(t) \, | \, \psi_4 \rangle = F_2(t) \, . \tag{67}$$

Somit ist

$$P_1 = \frac{1}{4\,\hbar^2} \left[\int_0^t F_1(t)\, F_1(t')^* \, e^{-i\omega_0(t-t')} \, dt' + \text{konj. kompl.} \right] \tag{68}$$

$$P_2 = \frac{1}{\hbar^2} \left[\int_0^t F_2(t)\, F_2(t')^* \, e^{-2\,i\omega_0(t-t')} \, dt' + \text{konj. kompl.} \right].$$

Wir hatten bei der Ableitung von (56) bemerkt, daß die P_{kl} Mittelwerte über alle N Moleküle darstellen. Die $F_j(t)$ sind statistische Funktionen, die für jedes Molekül einen anderen Wert annehmen. In (68) sind daher die Produkte $F_j(t)\, F_j(t')^*$ als Mittelwerte über die Gesamtheit aller N Moleküle zu betrachten. Wir schreiben sie in der Form

$$G_j(\tau) \equiv \overline{F_j(t)\, F_j(t-\tau)^*} \,.$$

Dabei wurde $t - t' = \tau$ gesetzt und angenommen, daß die Mittelwerte nur von der Differenz τ abhängen. Diese Annahme ist vernünftig, da die Brownsche Bewegung stationär ist; d. h., es ist kein Zeitpunkt vor dem anderen ausgezeichnet. Bedenken wir weiterhin, daß bei der Brownschen Bewegung keine Zeitrichtung ausgezeichnet ist, so folgt

$$G_j(\tau) = G_j(-\tau) \,.$$

Dies bedeutet aber zugleich

$$G_j(\tau) = G_j(\tau)^* \,.$$

Für die Integrale (68) folgt daraus

$$P_1 = \frac{1}{4\,\hbar^2} \left[\int_0^t G_1(\tau)\, e^{-i\omega_0\tau}\, d\tau + \int_0^t G_1(\tau)\, e^{i\omega_0\tau}\, d\tau \right]$$

$$= \frac{1}{4\,\hbar^2} \int_{-t}^{+t} G_1(\tau)\, e^{i\omega_0\tau}\, d\tau \tag{69}$$

$$P_2 = \frac{1}{\hbar^2} \int_{-t}^{+t} G_2(\tau)\, e^{2i\omega_0\tau}\, d\tau \,.$$

Auf die Berechnung der Integrale gehen wir nicht weiter ein[7]. Wir erwähnen nur, daß man für die sog. Korrelationsfunktionen $G_j(\tau)$ in der Theorie der Brownschen Bewegung Ausdrücke erhält, die proportional $\exp(-|\tau|/\tau_c)$ sind. Die sog. Korrelationszeit τ_c ist eine Konstante, die mit der Struktur der Flüssigkeit zusammenhängt. Betrachtet man das Molekül näherungsweise als eine Kugel vom Radius a, die sich in einer homogenen Flüssigkeit der Viskosität η_0 dreht, so ergibt sich für τ_c der Wert

---

[7] ABRAGAM, A.: The Principles of Nuclear Magnetism, Oxford: Clarendon Press 1961, S. 298 ff. Dort wird auch angegeben, unter welchen Bedingungen (71) gültig ist.

$$\tau_c = \frac{4\,\pi\,\eta_0\,a^3}{3\,kT}\,.\tag{70}$$

Die Berechnung der Integrale (69) ergibt

$$\frac{1}{T_1} = 2\,(P_1 + P_2)$$

$$= \frac{3}{10}\,\frac{\hbar^2\,\gamma^4}{r^6}\left(\frac{\tau_c}{1 + \omega_0^2\tau_c^2} + \frac{4\,\tau_c}{1 + 4\,\omega_0^2\tau_c^2}\right).\tag{71}$$

Die longitudinale Relaxationszeit T_1 ist demnach für kleine Werte von τ_c proportional τ_c^{-1} und unabhängig von der Resonanzfrequenz ω_0:

$$\frac{1}{T_1} = \tfrac{3}{2}\,\frac{\hbar^2\,\gamma^4}{r^6}\,\tau_c \qquad \text{für } \omega_0^2\,\tau_c^2 \ll 1\,.\tag{72}$$

Bei größeren Werten von τ_c $(1 \ll \omega_0^2\,\tau_c^2)$ ist T_1 proportional $\omega_0^2\,\tau_c$. Es gibt demnach bei festem ω_0 einen bestimmten Wert von τ_c (und damit auch von η_0/T), bei dem T_1 seinen minimalen Wert annimmt (siehe auch Abb. 18).

Für Wasser der Viskosität $\eta_0 = 0{,}01$ poise bei $T = 293°\,K$ erhält man mit einem angenommenen Kugelradius von $a = 1{,}5\,\text{Å}$ aus Gl. (70) die Korrelationszeit $\tau_c = 0{,}35 \cdot 10^{-11}$ sec. Dies ergibt nach (72) mit $r \approx a$ die Relaxationszeit $T_1 = 5{,}3$ sec. Dazu kommt in flüssigem Wasser allerdings noch ein Anteil der intermolekularen Dipol-Dipol-Wechselwirkung der Wassermoleküle. Eine Theorie, die auch diesen Anteil umfaßt, ergibt $1/T_1 = 1/T_1^{(\text{inter})} + 1/T_1^{(\text{intra})}$ mit $T_1^{(\text{intra})} = 5{,}3$ sec (siehe oben) und $T_1^{(\text{inter})} = 10$ sec. Insgesamt erhält man für T_1 einen Wert von $3{,}4$ sec, während das Experiment $(2{,}3 \pm 0{,}5)$ sec ergibt. Die gute Übereinstimmung mag in Anbetracht der Näherungsannahmen zufällig sein. Doch auch bei anderen Verbindungen ergibt die Theorie, die wir an Hand eines speziellen Beispiels betrachtet haben, die richtige Größenordnung der Relaxationszeit.

Zur Berechnung der transversalen Relaxationszeit gehen wir von dem folgenden Experiment aus. Das System von N H_2O-Molekülen möge sich im thermischen Gleichgewicht in einem Magnetfeld $\vec{H}_0$ parallel zur z-Achse befinden. Die Magnetisierung des Systems ist demnach $\vec{M}_0 = (0, 0, M_{0z})$, und alle Moleküle befinden sich in Eigenzuständen (54) von $\mathcal{H}_M = -\gamma\,\hbar\,H_0\,(I_z(1) + I_z(2))$. Wir betrachten nun das System in einem mit der Winkelgeschwindigkeit $\vec{\omega} = -\vec{\omega}_0$ um die z-Achse gedrehten Koordinatensystem K' mit den Achsen x', y' und $z' = z$. In K' verschwindet nach Gl. (II, 17a) das effektive Magnetfeld $\vec{H}'$ (siehe auch Abb. 4 und 5). Läßt man nun in Richtung der $-y'$-Achse ein Magnetfeld $\vec{H}_1$ einwirken, so führt der Magnetisierungsvektor eine Präzessionsbewegung um die y'-Achse mit der Winkelgeschwindigkeit (II, 20) $\vec{\omega}_1 = -\gamma\,\vec{H}_1$ aus (siehe

Abb. 17). Nach der Zeit $\tau/4 = \pi/2\,\omega_1$ liegt der Magnetisierungsvektor gerade parallel zur x'-Achse. Zu diesem Zeitpunkt schalten wir das Magnetfeld $\vec{H}_1$ ab und untersuchen das Verhalten der Magnetisierung $\vec{M} = (M_{x'}, 0, 0)$ im Feld $\vec{H}_0$. Praktisch läßt sich das soeben beschriebene Experiment ohne weiteres durchführen. Man nennt das Ganze einen 90°-Impuls.

Wir nehmen im folgenden versuchsweise an, daß sich in der Zeit nach dem Abschalten von $\vec{H}_1$ alle Moleküle in Eigenzuständen von $\boldsymbol{I}_{x'}(1) + \boldsymbol{I}_{x'}(2)$ befinden. Wir werden sehen, daß diese im Sinne der Quantenmechanik falsche Annahme zu einem richtigen Ausdruck für die Relaxationszeit T_2 führt. Dieses zunächst unverständliche Ergebnis

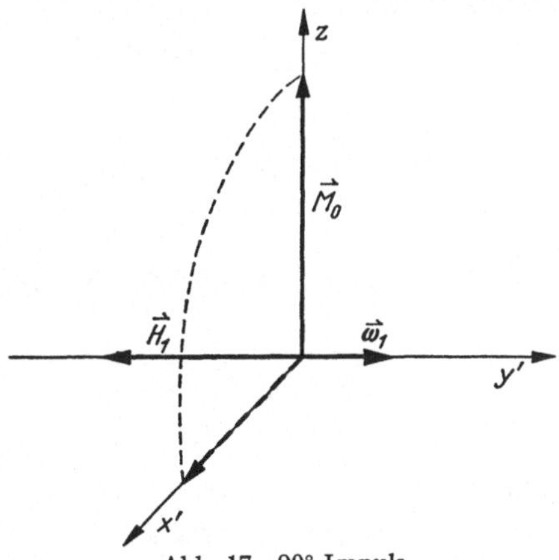

Abb. 17. 90°-Impuls

werden wir am Ende dieses Abschnitts begründen. Dort werden wir auch den Ansatz für eine quantenmechanisch richtige Beschreibung aufzeigen.

Gehen wir von den orthogonalen und normierten Eigenzuständen $\dfrac{1}{\sqrt{2}}(\alpha + \beta)$ und $\dfrac{1}{\sqrt{2}}(\alpha - \beta)$ zu den Eigenwerten $\tfrac{1}{2}$ und $-\tfrac{1}{2}$ von $\boldsymbol{I}_{x'}$ aus, so erhalten wir mit (54) leicht die Eigenzustände

$$\varphi_1 = \tfrac{1}{2}(\psi_1 + \psi_2 + \psi_3 + \psi_4)$$
$$\varphi_2 = \tfrac{1}{2}(\psi_1 - \psi_2 + \psi_3 - \psi_4)$$
$$\varphi_3 = \tfrac{1}{2}(\psi_1 + \psi_2 - \psi_3 - \psi_4) \tag{73}$$
$$\varphi_4 = \tfrac{1}{2}(\psi_1 - \psi_2 - \psi_3 + \psi_4)$$

zu den Eigenwerten $1, 0, 0, -1$ von $\boldsymbol{I}_{x'}(1) + \boldsymbol{I}_{x'}(2)$. Führen wir wie oben Besetzungszahlen N_1', N_2', N_3', N_4' $\left(\text{mit } \sum\limits_{j=1}^{4} N_j' = N\right)$ dieser Zustände ein, so ergibt sich

$$M_{x'} = \frac{\gamma\,\hbar}{V}(N_1' - N_4') \tag{74}$$

für die Magnetisierung parallel zur x'-Achse und die (62) entsprechende Bewegungsgleichung

$$\frac{dM_{x'}}{dt} = -2\,(P_1' + P_2')\,M_{x'}\,. \tag{75}$$

Diese Gleichung ist identisch* mit der Blochschen Gleichung (41) für $M_{x'}$ in einem mit der Winkelgeschwindigkeit $\vec{\omega} = -\vec{\omega}_0$ gedrehten Koordinatensystem K' (d. h. $\Delta\,\omega = \omega - \omega_0 = 0$). Wir erhalten also

$$\frac{1}{T_2} = 2\,(P_1' + P_2')\,. \tag{76}$$

Die Übergangswahrscheinlichkeiten P_1' und P_2' sind analog zu (57) definiert. Wir erhalten sie, indem wir in (57) die Funktionen $\Psi_j(t) = \psi_j\,\exp\,[-\,(i/\hbar)\,E_j\,t]$ durch die Funktionen

$$\Phi_j(t) = \sum_k c_{jk}\,\Psi_k(t) \tag{77}$$

ersetzen. (Nach (55) ist $E_1 - E_2 = -\,\hbar\,\omega_0$ und $E_1 - E_4 = -\,2\,\hbar\,\omega_0$. Die c_{jk} sind durch die Koeffizienten der Gleichungen (73) $\varphi_j = \sum_k c_{jk}\,\psi_k$ gegeben.) Es ist also

$$P_1' = \frac{1}{\hbar^2}\frac{d}{dt}\left|\int_0^t \langle\,\Phi_1(t')\,|\,\mathscr{H}_D(t')\,|\,\Phi_2(t')\,\rangle\,dt'\,\right|^2$$

$$P_2' = \frac{1}{\hbar^2}\frac{d}{dt}\left|\int_0^t \langle\,\Phi_1(t')\,|\,\mathscr{H}_D(t')\,|\,\Phi_4(t')\,\rangle\,dt'\,\right|^2 \tag{78}$$

und $P_1' \equiv P_{12}' = P_{21}' = P_{13}' = P_{31}' = P_{34}' = P_{43}' = P_{24}' = P_{42}'$ sowie $P_2' \equiv P_{14}' = P_{41}'$. Die weitere Berechnung von P_1' und P_2' verläuft analog zu der von P_1 und P_2. Als Endergebnis erhalten wir für die transversale Relaxationszeit

$$\frac{1}{T_2} = \frac{3}{20}\frac{\gamma^4\,\hbar^2}{r^6}\left(3\,\tau_c + \frac{5\,\tau_c}{1 + \omega_0^2\tau_c^2} + \frac{2\,\tau_c}{1 + 4\,\omega_0^2\tau_c^2}\right)\,. \tag{79}$$

Bei sehr kleinen Korrelationszeiten $(\omega_0^2\,\tau_c^2 < 1)$ ergibt ein Vergleich mit (72)

$$\frac{1}{T_2} = \frac{1}{T_1} = \frac{3}{2}\frac{\hbar^2\,\gamma^4}{r^6}\,.$$

Aus den oben angegebenen Werten für Wasser bei Zimmertemperatur ergibt sich $\omega_0^2\,\tau_c^2 \approx 10^{-6}$ und damit $T_2 = T_1$. Bei Flüssigkeiten höherer Viskosität ist jedoch T_2 durchaus verschieden von T_1. Als Beispiel geben wir in Abb. 18 Werte von T_1 und T_2 für Glycerin an, die aus der Dissertation von BLOEMBERGEN[8] entnommen wurden.

---

* Man beachte, daß in (41) $\vec{H}_1$ parallel zur x'-Achse angenommen wird. Daher hängt an der Resonanzstelle $M_{x'}$ nicht von $\vec{H}_1$ ab.

[8] BLOEMBERGEN, N.: Nuclear Magnetic Relaxation, New York: Benjamin 1961.

Wir haben nun die Annahme zu rechtfertigen, daß man den Zustand des Spinsystems nach dem 90°-Impuls durch die Besetzungszahlen N'_j beschreiben kann. In Wirklichkeit befinden sich zwar unmittelbar nach dem 90°-Impuls alle Moleküle in Eigenzuständen φ_j von $I_{x'}(1) + I_{x'}(2)$. Eine genügend lange Zeit nach dem Impuls befinden sich die Moleküle jedoch wieder im thermischen Gleichgewicht und damit in Eigenzuständen ψ_j von $I_z(1) + I_z(2)$. Wenn wir trotzdem das richtige Ergebnis für T_2 als Funktion der Übergangswahrscheinlichkeiten P'_1 und P'_2 erhalten, so liegt das daran, daß wir bei einer Messung von T_2 nicht die Übergangswahrscheinlichkeiten $P'_1 + P'_2$ für ein Einzelmolekül sondern den Mittel-

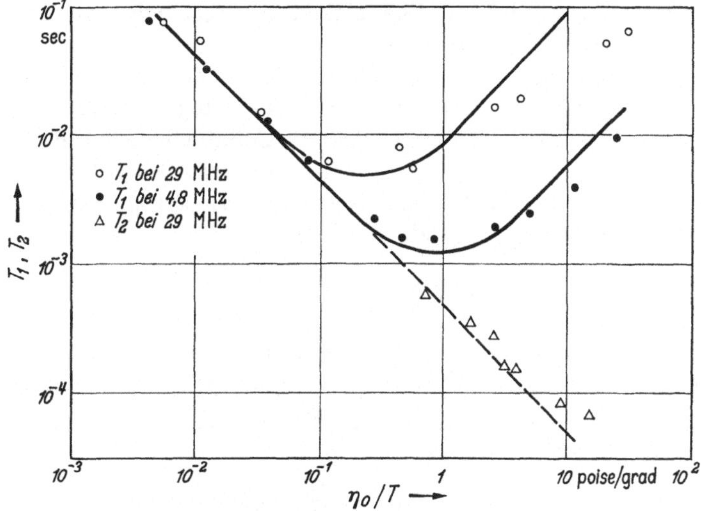

Abb. 18. Relaxationszeiten in Glycerin

wert von $P'_1 + P'_2$ über alle N Moleküle messen. Jeder Zustand $\psi^{(k)}(t)$ eines mit k gekennzeichneten Einzelmoleküls läßt sich nach dem Entwicklungssatz der Quantenmechanik als Linearkombination

$$\psi^{(k)}(t) = \sum_j c_j^{(k)}(t)\, \varphi_j$$

der Eigenzustände φ_j von $I_{x'}(1) + I_{x'}(2)$ darstellen. Es ist dann $|\,c_j^{(k)}(t)\,|^2$ die Wahrscheinlichkeit, bei einer Messung der zum Operator $I_{x'}(1) + I_{x'}(2)$ gehörigen physikalischen Größe als Meßresultat gerade den Eigenwert zum Zustand φ_j zu erhalten. Nun wird aber bei einem Kernresonanzexperiment die Summe

$$M_{x'} = \frac{\gamma\,\hbar}{V} \sum_{k=1}^{N} \langle\, \psi^{(k)}(t) \mid I_{x'}(1) + I_{x'}(2) \mid \psi^{(k)}(t)\, \rangle$$

$$= \frac{\gamma\,\hbar}{V} \sum_k \sum_i \sum_j c_i^{(k)}(t)^* \, c_j^{(k)}(t) \langle\, \varphi_i \mid I_{x'}(1) + I_{x'}(2) \mid \varphi_j\, \rangle$$

gemessen. Da φ_i und φ_j orthogonal sind, ist

$$M_{x'} = \frac{\gamma \hbar}{V} \sum_k \sum_j \mid c_j^{(k)}(t) \mid^2 \langle \varphi_j \mid \boldsymbol{I}_{x'}(1) + \boldsymbol{I}_{x'}(2) \mid \varphi_j \rangle$$

$$= \frac{\gamma \hbar}{V} \sum_j \left\{ \sum_k \mid c_j^{(k)}(t) \mid^2 \right\} \langle \varphi_j \mid \boldsymbol{I}_{x'}(1) + \boldsymbol{I}_{x'}(2) \mid \varphi_j \rangle .$$

Das gleiche Ergebnis würden wir erhalten, wenn sich von den N Molekülen jeweils

$$N_j' = \sum_k \mid c_j^{(k)}(t) \mid^2$$

Moleküle wirklich in dem Eigenzustand φ_j befänden. Dies ist die Erklärung dafür, daß wir die Zeitabhängigkeit von $M_{x'}$ richtig durch Besetzungszahlen beschreiben konnten.

Die Beschreibung durch Besetzungszahlen versagt natürlich, wenn die Moleküle nicht mehr als voneinander unabhängig angesehen werden können. In diesem Fall betrachtet man die Zeitabhängigkeit des Zustandes $\Psi(t)$ des Gesamtsystems S, zu dem in unserem Beispiel alle N H_2O-Moleküle und das Lösungsmittel CS_2 gehören. Die Zeitabhängigkeit wird durch die zeitabhängige Schrödingergleichung

$$\mathscr{H} \, \Psi(t) = - \frac{\hbar}{i} \frac{\partial}{\partial t} \Psi(t) \tag{80}$$

beschrieben, wobei $\mathscr{H}$ der Hamiltonoperator für das Gesamtsystem S ist. Der Erwartungswert etwa der Magnetisierung $\vec{M}$ ist durch $\langle \Psi(t) \mid \vec{M} \mid \Psi(t) \rangle$ gegeben. Die makroskopisch meßbare Größe erhält man nach der Quantenstatistik* als Mittelwert

$$\vec{M} = \overline{\langle \Psi(t) \mid \vec{M} \mid \Psi(t) \rangle}$$

über eine virtuelle Gesamtheit von Systemen S, die sich nicht** durch $\mathscr{H}$ wohl aber durch $\Psi(t)$ unterscheiden. Entwickeln wir $\Psi(t)$ nach einer orthogonalen und normierten Basis

$$\Psi(t) = \sum_j a_j(t) \, \Psi_j , \tag{81}$$

so erhalten wir

$$\vec{M} = \sum_j \sum_k \overline{a_j(t) \, a_k(t)^*} \, \langle \Psi_k \mid \vec{M} \mid \Psi_j \rangle .$$

Wir definieren nun den sog. Dichteoperator ϱ durch seine Matrixelemente

$$\varrho_{jk} \equiv \langle \Psi_j \mid \varrho \mid \Psi_k \rangle \equiv \overline{a_j(t) \, a_k(t)^*} . \tag{82}$$

---

* z. B.: Münster, A.: Statistische Thermodynamik. Berlin-Göttingen-Heidelberg: Springer 1956.

** Dies gilt für Festkörper, in denen sich $\mathscr{H}$ exakt angeben läßt. In Flüssigkeiten wird auch $\mathscr{H}$ statistisch behandelt.

Damit ist

$$\vec{M} = \sum_j \sum_k \langle \Psi_j \,|\, \varrho \,|\, \Psi_k \rangle \langle \Psi_k \,|\, \vec{M} \,|\, \Psi_j \rangle$$

$$= \sum_j \langle \Psi_j \,|\, \varrho \,\vec{M} \,|\, \Psi_j \rangle \tag{83}$$

$$= \mathrm{Sp}\,\{\varrho \,\vec{M}\}\,.$$

Durch Einsetzen von (81) in (80) erhalten wir

$$-\frac{\hbar}{i} \sum_n \frac{d}{dt}\, a_n(t)\, \Psi_n = \sum_n a_n(t)\, \mathcal{H}\, \Psi_n$$

und, wegen

$$\langle \Psi_k \,|\, \Psi_n \rangle = \delta_{kn}\,,$$

$$\frac{d}{dt}\, a_k(t) = -\frac{i}{\hbar} \sum_n a_n(t)\, \langle \Psi_k \,|\, \mathcal{H} \,|\, \Psi_n \rangle\,.$$

Demnach ist

$$\frac{d}{dt}\, \varrho_{km} = \overline{\frac{d\,a_k(t)}{dt}\, a_m(t)^*} + \overline{a_k(t)\, \frac{d\,a_m(t)^*}{dt}}$$

$$= \frac{i}{\hbar} \sum_n \overline{[a_k(t)\, a_n(t)^*}\, \langle \Psi_n \,|\, \mathcal{H} \,|\, \Psi_m \rangle$$

$$- \overline{a_n(t)\, a_m(t)^*}\, \langle \Psi_k \,|\, \mathcal{H} \,|\, \Psi_n \rangle]$$

$$= \frac{i}{\hbar} \sum_n [\langle \Psi_k \,|\, \varrho \,|\, \Psi_n \rangle \langle \Psi_n \,|\, \mathcal{H} \,|\, \Psi_m \rangle$$

$$- \langle \Psi_k \,|\, \mathcal{H} \,|\, \Psi_n \rangle \langle \Psi_n \,|\, \varrho \,|\, \Psi_m \rangle]$$

$$= \frac{i}{\hbar} \langle \Psi_k \,|\, \varrho\mathcal{H} - \mathcal{H}\varrho \,|\, \Psi_m \rangle\,.$$

Als Operatorgleichung ergibt sich

$$\frac{d}{dt}\, \varrho = \frac{i}{\hbar}\, [\varrho, \mathcal{H}]\,. \tag{84}$$

Die Gln. (83) und (84) bilden den Ausgangspunkt einer umfassenden quantenmechanischen Theorie der magnetischen Kernrelaxation (und ebenso der magnetischen Elektronenrelaxation in paramagnetischen Substanzen).[3-6] Bedenken wir, daß die Diagonalelemente $\varrho_{jj} = \overline{|\,a_j(t)\,|^2}$ der Dichtematrix* (82) die Übergangswahrscheinlichkeiten in die Zustände Ψ_j bedeuten, so wird der Zusammenhang mit der älteren Theorie deutlich. Eine Beschreibung des Spinsystems durch Besetzungszahlen ist immer dann möglich, wenn der zu beschreibende Erwartungswert von den Nichtdiagonalelementen der Dichtematrix unabhängig ist oder wenn die ϱ_{jk} für alle $j \neq k$ verschwinden. Tatsächlich hatten wir bei der Berechnung von T_1 nach Gl. (62) angenommen, daß die Magnetisierung

---

* Wir betrachten im folgenden nur den Spinanteil der Dichtematrix, der in der Literatur meist mit σ_{jk} bezeichnet wird.

parallel zur z-Achse und demzufolge für alle $j \neq k$ $\varrho_{jk} = 0$ ist. Bei der Berechnung von T_2 hatten wir eine Darstellung gewählt, in der $\boldsymbol{M}_{x'}$ diagonal ist, so daß der Erwartungswert $M_{x'}$ unabhängig von den Nichtdiagonalelementen der Dichtematrix in dieser Darstellung wurde. Aus der Notwendigkeit, verschiedene Darstellungen zur Beschreibung der Zeitabhängigkeit von M_z und $M_{x'}$ zu verwenden, läßt sich erkennen, daß eine quantenmechanische Ableitung der Blochschen Gln. (41) im Rahmen der älteren Theorie nicht möglich ist. Man muß vielmehr zusätzlich annehmen, daß die Relaxation der einzelnen Komponenten $M_{x'}$, $M_{y'}$ und M_z der Magnetisierung voneinander unabhängig und außerdem unabhängig vom HF-Feld H_1 ist. Wir erwähnen noch, daß die allgemeine Theorie mit Erfolg auch zur Behandlung von Spinsystemen herangezogen wurde, in denen die Blochschen Gleichungen nicht gelten, weil die Relaxation von H_1 abhängig ist oder weil sie sich nicht durch nur zwei Zeitkonstanten T_1 und T_2 beschreiben läßt.

V. Anhang

a) Der komplexe endliche Vektorraum

1. Bemerkungen zur Quantenmechanik

In der allgemeinen Quantenmechanik wird der Zustand eines Systems durch einen Vektor Ψ beschrieben, der Element eines komplexen Raumes der Dimension unendlich ist. Die Geometrie dieses Vektorraumes, der nach dem Mathematiker DAVID HILBERT als Hilbert-Raum bezeichnet wird, ist die mathematische Sprache, in der sich die Gesetze der Physik atomarer Systeme ausdrücken lassen.

Die Theorie der Kernresonanzspektren ist insofern einfach, als man sehr weitgehend mit der Geometrie des endlichen komplexen Vektorraumes auskommt. Das heißt, der Zustand des Systems wird durch einen Vektor ψ beschrieben, der nun Element eines Raumes endlicher Dimension ist. Die Geometrie des endlichen Raumes reicht aus, solange wir alle Größen, die von den Elektronenkoordinaten abhängen (z. B. die Abschirmkonstanten und die Spin-Kopplungskonstanten), als empirische Konstanten behandeln. Das Kapitel III, b, in dem die hochaufgelösten Kernresonanzspektren in Flüssigkeiten behandelt werden, läßt sich demnach ohne eine Kenntnis der allgemeinen Quantenmechanik verstehen und benötigt an Voraussetzungen nur die Kenntnis der Theorien des endlichen Vektorraumes und des Spins, die in den folgenden Abschnitten entwickelt werden. Darüber hinaus ist die Theorie des endlichen Vektorraumes gut dazu geeignet, dem Anfänger ein anschauliches Bild der Begriffe (z. B. Operator, Matrixelement, Eigenwert, Darstellung usw.) zu vermitteln, die in der allgemeinen Quantenmechanik als Elemente der Geometrie des ∞-dimensionalen Hilbert-Raumes auftreten

2. Vektoren

Wir betrachten zuerst den reellen 3-dimensionalen Raum als anschauliches Beispiel:

In einem kartesischen Koordinatensystem x, y, z kann ein Vektor $\mathfrak{v}$ in der Form

$$\mathfrak{v} = v_x\,\mathfrak{i} + v_y\,\mathfrak{j} + v_z\,\mathfrak{k} \tag{1}$$

geschrieben werden. $\mathfrak{i}$, $\mathfrak{j}$ und $\mathfrak{k}$ sind Einheitsvektoren entlang der x-, y- und z-Achse. Sie sind linear unabhängig, d. h., es ist $c_1\,\mathfrak{i} + c_2\,\mathfrak{j} + c_3\,\mathfrak{k} = 0$ nur für $c_1 = c_2 = c_3 = 0$. Außerdem sind $\mathfrak{i}$, $\mathfrak{j}$ und $\mathfrak{k}$ *orthogonal*, d. h., es sind die skalaren Produkte $(\mathfrak{i}, \mathfrak{j}) = (\mathfrak{i}, \mathfrak{k}) = (\mathfrak{j}, \mathfrak{k}) = 0$, was geometrisch bedeutet, daß i, j und $\mathfrak{k}$ senkrecht aufeinander stehen. Schließlich sind i, j und $\mathfrak{k}$ *normiert*, d. h., ihre Länge $\sqrt{(i, i)} = \sqrt{(j, j)} = \sqrt{(\mathfrak{k}, \mathfrak{k})} = 1$. v_x, v_y und v_z sind die Komponenten des Vektors $\mathfrak{v}$ im Koordinatensystem x, y, z, das durch die Basisvektoren i, j und $\mathfrak{k}$ aufgespannt wird. Man bezeichnet das Tripel $\begin{pmatrix} v_x \\ v_y \\ v_z \end{pmatrix}$ auch als *Darstellung* des Vektors $\mathfrak{v}$ im Koordinatensystem x, y, z.

Eine Erweiterung des 3-dimensionalen reellen Raumes zum n-dimensionalen komplexen Vektorraum ergibt sich, wenn die Zahl der linear unabhängigen Basisvektoren nicht 3 sondern irgend eine Zahl n ist und außerdem für Vektorkomponenten komplexe Werte zugelassen werden. Wir geben jetzt die Definition dieses Vektorraumes an und bezeichnen dabei die Vektoren mit griechischen Buchstaben ψ, φ, ξ, ..., die komplexen Zahlen mit lateinischen Buchstaben z, w, c, ...:

1. Für Vektoren ψ, φ, ξ, ... ist eine Addition definiert. Sie ist kommutativ und assoziativ, und es gibt zu jedem Vektor ψ einen inversen Vektor $-\psi$, so daß die Summe von ψ und $-\psi$ den Nullvektor $\mathfrak{o}$ ergibt:

$$\psi + \varphi = \varphi + \psi \; ;$$
$$\psi + (\varphi + \xi) = (\psi + \varphi) + \xi \; ; \qquad (2a)$$
$$\psi + (-\psi) = \psi - \psi = \mathfrak{o} \, .$$

2. Vektoren können mit komplexen Zahlen z, w, ... multipliziert werden. Es ist

$$(z\,w)\,\psi = z\,(w\,\psi) \; ;$$
$$\mathfrak{o}\,\psi = \mathfrak{o} \qquad (2b)$$

und es gelten die Distributivgesetze

$$z\,(\psi + \varphi) = z\,\psi + z\,\varphi \; ;$$
$$(z + w)\,\psi = \mathbf{z}\,\psi + w\,\psi \, . \qquad (2c)$$

3. Zwischen irgend zwei Vektoren φ und ζ ist ein skalares Produkt* (φ, ζ) wie folgt definiert:

$$(\varphi, \zeta) \text{ ist eine komplexe Zahl} \; ;$$
(φ, ζ) ist konjugiert komplex zu (ζ, φ), also $(\varphi, \zeta)^* = (\zeta, \varphi)$;
$$(\varphi, \zeta + \xi) = (\varphi, \zeta) + (\varphi, \xi) \; ; \qquad (2d)$$
$$(\varphi, z\,\zeta) = z\,(\varphi, \zeta) \; ;$$
$$(\varphi, \varphi) > \mathfrak{o} \text{ für } \varphi \neq \mathfrak{o} \, .$$

---

* Ein Vektorprodukt $(\varphi \times \zeta)$ wird im n-dimensionalen Raum nicht definiert, da die Verallgemeinerung für $n > 3$ auf einen Tensor führt, der nicht in der Form eines axialen Vektors geschrieben werden kann.

4. Es gibt n linear unabhängige Basisvektoren ψ_1, ψ_2, $\ldots$, ψ_n, so daß jeder Vektor ψ in der Form

$$\psi = \sum_{j=1}^{n} c_j\,\psi_j \tag{3}$$

geschrieben werden kann.

Vektoren heißen *orthogonal*, wenn ihr skalares Produkt gleich Null ist. Ein Vektor φ heißt *normiert*, wenn sein skalares Produkt mit sich selbst $(\varphi, \varphi) = 1$ ist. Es läßt sich zeigen, daß die Basisvektoren ψ_1, ψ_2, $\ldots$, ψ_n immer orthogonal und normiert gewählt werden können. Dann ist für alle j und k

$$(\psi_j, \psi_k) = \delta_{jk} = \begin{cases} 0 \text{ für } j \neq k \\ 1 \text{ für } j = k\,. \end{cases} \tag{4}$$

Nimmt man die ψ_j in (3) orthogonal und normiert an, so gilt $c_j = (\psi_j, \psi)$.

3. Operatoren und ihre Eigenwerte

Wir betrachten noch einmal den reellen Fall $n = 3$: Es seien in einem kartesischen Koordinatensystem x, y, z zwei Vektoren

$$\mathfrak{v} = v_x\,\mathfrak{i} + v_y\,\mathfrak{j} + v_z\,\mathfrak{k}$$

und

$$\mathfrak{w} = w_x\,\mathfrak{i} + w_y\,\mathfrak{j} + w_z\,\mathfrak{k}$$

gegeben, die durch das lineare Gleichungssystem

$$w_x = R_{xx}\,v_x + R_{xy}\,v_y + R_{xz}\,v_z$$
$$w_y = R_{yx}\,v_x + R_{yy}\,v_y + R_{yz}\,v_z$$
$$w_z = R_{zx}\,v_x + R_{zy}\,v_y + R_{zz}\,v_z$$

miteinander verknüpft seien. Für das lineare Gleichungssystem schreibt man auch als Abkürzung

$$\begin{pmatrix} w_x \\ w_y \\ w_z \end{pmatrix} = \begin{pmatrix} R_{xx} & R_{xy} & R_{xz} \\ R_{yx} & R_{yy} & R_{yz} \\ R_{zx} & R_{zy} & R_{zz} \end{pmatrix} \begin{pmatrix} v_x \\ v_y \\ v_z \end{pmatrix}.$$

Man bezeichnet dabei $\begin{pmatrix} w_x \\ w_y \\ w_z \end{pmatrix}$ und $\begin{pmatrix} v_x \\ v_y \\ v_z \end{pmatrix}$ als Komponentendarstellung oder einfach als Darstellung der Vektoren $\mathfrak{w}$ und $\mathfrak{v}$ im Koordinatensystem x, y, z. Die Matrix $\begin{pmatrix} R_{xx} & R_{xy} & \cdots \\ R_{yx} & \cdot & \cdot \\ & & \end{pmatrix}$ ist dann die Darstellung der Verknüpfungsvorschrift von $\mathfrak{w}$ und $\mathfrak{v}$ im selben Koordinatensystem.

Es läßt sich zeigen, daß $\mathfrak{w}$ und $\mathfrak{v}$ sich in jedem beliebigen kartesischen Koordinatensystem durch ein lineares Gleichungssystem verknüpfen lassen. Daher kann man von einem speziellen Koordinatensystem absehen und allgemein schreiben:

$$\mathfrak{w} = \boldsymbol{R}\,\mathfrak{v}\,.$$

$\boldsymbol{R}$ ist ein *Operator*, dessen Anwendung auf $\mathfrak{v}$ den Vektor $\mathfrak{w}$ ergibt. Die Matrix $\begin{pmatrix} R_{xx}\cdots \\ \vdots \quad \ddots \\ \vdots \quad \quad \ddots \end{pmatrix}$ ist die Darstellung dieses Operators im Koordinatensystem $x,\,y,\,z$.

Hat ein Operator $\boldsymbol{S}$ die Eigenschaft, daß seine Darstellungsmatrix in jedem Koordinatensystem für alle Matrixelemente die Gleichung

$$S_{jk} = S_{kj} \qquad (j,\,k = x,\,y,\,z)$$

erfüllt, so heißt $\boldsymbol{S}$ symmetrisch. In diesem Fall läßt sich beweisen, daß ein Koordinatensystem $X,\,Y,\,Z$ existiert, in dem nur die Diagonalelemente von $\boldsymbol{S}$ ungleich Null sind. Diese Diagonalelemente S_{XX}, S_{YY} und S_{ZZ} bezeichnet man als die *Eigenwerte* des Operators $\boldsymbol{S}$. Wie in der Theorie der linearen Gleichungen gezeigt wird, lassen sich die Eigenwerte von $\boldsymbol{S}$ bestimmen, indem man die sog. Säkulargleichung

$$\begin{vmatrix} S_{xx} - \lambda & S_{xy} & S_{xz} \\ S_{xy} & S_{yy} - \lambda & S_{yz} \\ S_{xz} & S_{yz} & S_{zz} - \lambda \end{vmatrix} = 0$$

für die Matrixelemente von $\boldsymbol{S}$ in irgend einem Koordinatensystem $x,\,y,\,z$ auflöst. Die Entwicklung der Determinante führt auf eine Gleichung 3. Grades in λ, deren Wurzeln die gesuchten Eigenwerte sind.

Eine Verallgemeinerung dieser Gedankengänge auf den komplexen Vektorraum führt zu Operatoren, wie sie in der Quantenmechanik der Spinsysteme auftreten. Es ist lehrreich, sich das folgende immer wieder am reellen Fall $n = 3$ zu veranschaulichen.

Wir betrachten einen n-dimensionalen Vektorraum, der von den Basisvektoren $\psi_1,\,\psi_2,\,\ldots,\,\psi_n$ aufgespannt werde. Über diesem Vektorraum sei eine Menge von Operatoren $\boldsymbol{A}$, $\boldsymbol{B}$, $\ldots$ definiert, die jeden Vektor ψ mit einem anderen Vektor φ verknüpfen

$$\boldsymbol{A}\,\psi = \varphi\,, \tag{5}$$

wobei auch $\varphi = \psi$ möglich sein soll. Die Anwendung eines weiteren Operators $\boldsymbol{B}$

$$\boldsymbol{B}\,\varphi = \boldsymbol{B}\,\boldsymbol{A}\,\psi = \zeta$$

definiert das Produkt $\boldsymbol{B}\,\boldsymbol{A}$ der Operatoren. Im allgemeinen ist

$$\boldsymbol{B}\,\boldsymbol{A}\,\psi \neq \boldsymbol{A}\,\boldsymbol{B}\,\psi\,.$$

Gilt für alle Vektoren $\boldsymbol{B}\,\boldsymbol{A} = \boldsymbol{A}\,\boldsymbol{B}$, so heißen die Operatoren $\boldsymbol{A}$ und $\boldsymbol{B}$ *vertauschbar*. Weiterhin definiert man für die Anwendung der Operatoren auf Vektoren die folgenden Rechenregeln:

$$(A + B)\,\psi = A\psi + B\psi$$

$$A\,(\psi + \varphi) = A\psi + A\varphi$$

$$A\,z\,\psi = z\,A\psi\,.$$

Erfüllen zwei Operatoren B und C die Gleichung

$$(\varphi, B\psi) = (C\varphi, \psi) \tag{6}$$

für beliebige φ und ψ, so heißen sie zueinander *adjungiert*. Ein Operator A, der die Gleichung

$$(\varphi, A\psi) = (A\varphi, \psi) \tag{6a}$$

erfüllt, heißt *selbstadjungiert*. (Auch das Wort hermitisch ist gebräuchlich.) Alle Operatoren, die einer reellen physikalischen Größe zugeordnet sind, besitzen diese wichtige Eigenschaft.

Zur Berechnung der Eigenwerte eines selbstadjungierten Operators A verwenden wir (wie im reellen 3-dimensionalen Fall) seine Matrixdarstellung im System der Basisvektoren $\psi_1, \psi_2, \ldots, \psi_n$. Die Matrixelemente* sind durch die n^2 skalaren Produkte

$$A_{jk} = (\psi_j, A\psi_k)$$

gegeben. Zu ihrer Berechnung entwickeln wir die Vektoren $A\psi_k$ nach Gleichung (3)

$$A\psi_k = \sum_{l=1}^{n} c_{kl}\,\psi_l\,. \tag{7}$$

Für das Matrixelement A_{jk} ergibt sich dann nach (4)

$$(\psi_j, A\psi_k) = \sum_{l=1}^{n} c_{kl}\,(\psi_j, \psi_l) = \sum_{l=1}^{n} c_{kl}\,\delta_{jl} = c_{kj}\,.$$

Die Koeffizienten c_{kj} lassen sich nicht allgemein angeben. Im nächsten Kapitel wird ihre Berechnung im Fall des Spins gezeigt.

Zur Bestimmung der Eigenwerte ist die Säkulargleichung

$$\begin{vmatrix} A_{11} - \lambda & A_{12} \ldots & A_{1n} \\ A_{21} & A_{22} - \lambda & \cdot \\ \cdot & \cdot & \cdot \\ \cdot & \cdot & \cdot \\ \cdot & \cdot & \cdot \\ A_{1n} \ldots & & A_{nn} - \lambda \end{vmatrix} = 0 \tag{8}$$

aufzulösen. Zur Abkürzung schreibt man für (8) auch

$$|\,A_{jk} - \lambda\,\delta_{jk}\,| = 0\,. \tag{8a}$$

---

* Für die skalaren Produkte und Matrixelemente schreibt man nach DIRAC auch $\langle\,\psi_j\,|\,\psi_k\,\rangle$ und $\langle\,\psi_j\,|\,A\,|\,\psi_k\,\rangle$.

8*

Die Wurzeln $\lambda_1, \lambda_2, \ldots, \lambda_n$ der Säkulargleichung sind die gesuchten Eigenwerte des Operators A*.

Eine weitere Aufgabe ist es, das System von orthogonalen und normierten Basisvektoren $\Phi_1, \Phi_2, \ldots, \Phi_n$ aufzusuchen, in dem die Matrix von A Diagonalform hat, in dem also die Matrixelemente $(\Phi_p, A\Phi_q)$ die Gleichung

$$(\Phi_p, A\,\Phi_q) = \lambda_q\,\delta_{pq} \qquad (p, q = 1, 2, \ldots, n) \tag{9}$$

erfüllen. Man bezeichnet Φ_q als Eigenvektor von A zum Eigenwert λ_q. Jeder Eigenvektor Φ_q muß die Gleichung

$$A\,\Phi_q = \lambda_q\,\Phi_q \tag{10}$$

erfüllen, wenn (9) gelten soll. Wie jeder Vektor lassen sich auch die Eigenvektoren in der Form

$$\Phi_q = \sum_{k=1}^{n} a_{qk}\,\psi_k \tag{11}$$

als Linearkombination der Basisvektoren $\psi_1, \psi_2, \ldots, \psi_n$ darstellen. Um die Koeffizienten a_{qk} zu bestimmen, schreibt man nach (10) und (11)

$$A\,\Phi_q = \lambda_q\,\Phi_q = \lambda_q\,\sum_{k=1}^{n} a_{qk}\,\psi_k$$

und

$$A\,\Phi_q = A\,\sum_{k=1}^{n} a_{qk}\,\psi_k = \sum_{k=1}^{n} a_{qk}\,A\,\psi_k\,.$$

Bildet man die skalaren Produkte

$$(\psi_j, A\,\Phi_q) = \sum_{k=1}^{n} a_{qk}\,(\psi_j, A\,\psi_k) = \lambda_q\,\sum_{k=1}^{n} a_{qk}\,(\psi_j, \psi_k)\,,$$

so erhält man wegen $(\psi_j, \psi_k) = \delta_{jk}$ das lineare Gleichungssystem

$$\sum_{k=1}^{n} a_{qk}\,A_{jk} = \lambda_q\,a_{qj}\,. \tag{12}$$

Dies sind n^2 Gleichungen $(j, q = 1, 2, \ldots, n)$, die eine eindeutige Bestimmung der Unbekannten a_{qk} gestatten, wenn die Eigenvektoren Φ_q wie gefordert normiert und orthogonal sind.

Wir erinnern uns noch einmal daran, daß man zur Bestimmung der Eigenwerte und Eigenvektoren von A lediglich die Koeffizienten c_{kl} der Entwicklung (7) von $A\psi_k$ kennen muß. Dann sind die Matrixelemente $(\psi_j, A\psi_k)$ leicht auszurechnen und ebenso die Eigenwerte λ_q und die Koeffizienten a_{qk} der Gleichung (11).

Bei Spinsystemen läßt sich der Hamiltonoperator** immer als Linearkombination von Spinoperatoren $A, B, \ldots$ angeben, deren Wirkung auf

---

* Es läßt sich zeigen, daß die Eigenwerte eines selbstadjungierten Operators reell sind.

** Siehe S. 20.

einen Satz von Spinzuständen φ_1, φ_2, ..., φ_n bekannt ist (siehe nächstes Kapitel). Das heißt, es ist

$$A\,\varphi_k = \sum_{q=1}^{n} a_{kq}\,\varphi_q \qquad (k = 1, 2, \ldots, n)$$

$$B\,\varphi_k = \sum_{q=1}^{n} b_{kq}\,\varphi_q \ \text{usw.} \qquad\qquad (13)$$

mit bekannten a_{kq}, b_{kq}, ... Die Zustände φ_1, φ_2, ..., φ_n braucht man nicht zu kennen, wenn man nur weiß, daß für die skalaren Produkte $(\varphi_j, \varphi_k) = \delta_{jk}$ gilt für alle j und k.

Um die Eigenwerte des Hamiltonoperators $\mathcal{H}$ zu bestimmen, ist nach (8) die Säkulargleichung

$$|\,\mathcal{H}_{jk} - E\,\delta_{jk}\,| = 0 \qquad\qquad (14)$$

mit $\mathcal{H}_{jk} = (\varphi_j, \mathcal{H}\,\varphi_k)$ zu lösen. Da die Wirkung der Operatoren $A, B, \ldots$ auf die Spinzustände φ_k nach (13) bekannt ist, kann die Wirkung des Hamiltonoperators $\mathcal{H}$, der ja eine Linearkombination der $A, B, \ldots$ ist, leicht berechnet werden. Skalare Multiplikation mit φ_j ergibt dann sofort die Matrixelemente $\mathcal{H}_{jk} = (\varphi_j, \mathcal{H}\,\varphi_k)$.

Setzt man die $\mathcal{H}_{jk}$ in (14) ein, so ergibt die Ausrechnung der n-reihigen Determinante eine Gleichung n-ten Grades für die Energie E. Die n Wurzeln dieser Gleichung sind die gesuchten Eigenwerte E_1, E_2, ..., E_n des Hamiltonoperators.

b) Quantenmechanik des Spins

Das Verfahren, makroskopisch definierten physikalischen Größen quantenmechanische Operatoren zuzuordnen, wie wir es am Beispiel des Teilchens im Zentralfeld (Kap. III, a) kennengelernt haben, ist für Spinsysteme streng genommen nicht brauchbar. Der Spin ist ein typisch relativistisches Phänomen, und es gibt keine makroskopischen physikalischen Größen, denen man Spinoperatoren zuordnen könnte. Der Spin hat jedoch große Ähnlichkeit mit dem Drehimpuls $\vec{l} = \vec{r} \times \vec{p}$, einer physikalischen Größe, der man den Operator

$$\vec{l} = \vec{r} \times \vec{p} \qquad\qquad (15)$$

zuordnen kann. Tatsächlich erhält man aus der Quantenmechanik des Drehimpulses, wenn man noch einige zusätzliche Annahmen macht, eine Spintheorie, die in Übereinstimmung mit der Erfahrung[*] ist. Im Falle des Elektronenspins kann gezeigt werden, daß diese Paulische Spintheorie als Grenzfall in einer allgemeineren relativistischen Theorie enthalten ist, die auch die zusätzlichen Annahmen der nichtrelativistischen Theorie begründet.

---

[*] Die nichtrelativistische Spintheorie verliert ihre Gültigkeit im Bereich hoher Energien, wie sie bei Kernreaktionen auftreten.

Betrachten wir zunächst einige Eigenschaften der Drehimpulsoperatoren. In kartesischen Koordinaten sind die Komponenten von (15)

$$l_x = y\,p_z - z\,p_y$$
$$l_y = z\,p_x - x\,p_z$$
$$l_z = x\,p_y - y\,p_x\,.$$

Wählen wir wie in Kap. III, a zunächst die Schrödingersche Darstellung $(x = x\cdot[\ \ ]; p_x = \dfrac{\hbar}{i}\dfrac{\partial}{\partial x}[\ \ ])$, so lassen sich leicht *Vertauschungsrelationen* für die Komponenten von $\vec{r}$ und $\vec{p}$ ableiten:

$$(p_x\,x - x\,p_x)\,\psi = \frac{\hbar}{i}\frac{\partial}{\partial x}(x\,\psi) - x\frac{\hbar}{i}\frac{\partial\psi}{\partial x} = x\,\frac{\hbar}{i}\frac{\partial\psi}{\partial x} + \frac{\hbar}{i}\,\psi - x\frac{\hbar}{i}\frac{\partial\psi}{\partial x} = \frac{\hbar}{i}\,\psi.$$

Entsprechend erhält man für die übrigen Komponenten die Vertauschungsrelationen

$$p_y\,y - y\,p_y = \frac{\hbar}{i}\ \text{und}\ p_z\,z - z\,p_z = \frac{\hbar}{i}\,.$$

In allen weiteren Kombinationen sind die Komponenten von $\vec{p}$ und $\vec{r}$ vertauschbar (z. B. $p_x\,y - y\,p_x = 0$). Die Vertauschungsrelationen, die soeben für Operatoren in der Schrödingerschen Darstellung abgeleitet wurden, werden in der allgemeinen Quantenmechanik als Axiome angenommen, die auch unabhängig von einer speziellen Darstellung gelten. Aus den Vertauschungsrelationen für $\vec{r}$ und $\vec{p}$ lassen sich die Vertauschungsrelationen für andere Operatoren errechnen. So erhält man für die Komponenten von $\vec{l}$:

$$l_x\,l_y - l_y\,l_x = (y\,p_z - z\,p_y)\,(z\,p_x - x\,p_z) - (z\,p_x - x\,p_z)\,(y\,p_z - z\,p_y)$$
$$= i\,\hbar\,l_z$$

und analog

$$l_y\,l_z - l_z\,l_y = i\,\hbar\,l_x$$
$$l_z\,l_x - l_x\,l_z = i\,\hbar\,l_y\,.$$

Diese Vertauschungsrelationen wollen wir auch für die Komponenten des Spins als gültig annehmen. Dagegen soll sich der Spinoperator nicht nach (15) aus Orts- und Impulsoperator zusammensetzen lassen. [Bei einer Gültigkeit von (15) wären in (22) nur ganzzahlige Werte von I zugelassen.]

Nach diesen Vorbemerkungen definieren wir den Spin eines Elektrons oder Atomkerns wie folgt:

1. Der Spin wird durch einen selbstadjungierten Operator $\hbar\,\vec{I}$ beschrieben, für dessen Komponenten $\hbar\,I_x$, $\hbar\,I_y$, $\hbar\,I_z$ die Vertauschungsrelationen gelten:

$$I_x\,I_y - I_y\,I_x = i\,I_z$$
$$I_y\,I_z - I_z\,I_y = i\,I_x \tag{16}$$
$$I_z\,I_x - I_x\,I_z = i\,I_y\,.$$

2. Der Operator I^2 einer bestimmten Teilchensorte besitzt nur einen Eigenwert, der für diese Sorte spezifisch ist.

3. Der Spin ist mit einem magnetischen Dipolmoment verbunden, für dessen Operator $\vec{\mu}$ gilt

$$\vec{\mu} = \gamma\, \hbar\, \vec{I}\,.$$

γ ist eine für jede Teilchensorte charakteristische Konstante.

Der Eigenwert von I^2 muß ebenso wie das gyromagnetische Verhältnis γ für jede Teilchensorte experimentell bestimmt werden. Bei Elektronen ist [siehe (23)] $\frac{1}{2}\left(\frac{1}{2}+1\right) = \frac{3}{4}$ der Eigenwert von I^2, während sich für das gyromagnetische Verhältnis $\gamma = \dfrac{-e}{m\,c}$ ergibt. $-e$ ist die Ladung des Elektrons, m seine Masse. Der gleiche Wert für γ folgt auch aus der relativistischen Theorie des Elektrons. Dagegen hatten wir für das klassische gyromagnetische Verhältnis in (II, 8) den Wert $\dfrac{-e}{2\,m\,c}$ erhalten.

Wir betrachten jetzt einen Satz von orthogonalen und normierten Funktionen ψ_{p,q_ν}, die zugleich Eigenzustände von I^2 und I_z sein sollen. Wie sich allgemein zeigen läßt, müssen solche Funktionen existieren, da die Operatoren I^2 und I_z vertauschbar sind. Der Eigenwert von I^2 werde mit p, die Eigenwerte von I_z mit q_ν bezeichnet. Aus den Operatoren I_x und I_y bilden wir zwei neue Operatoren $I_+ = I_x + iI_y$ und $I_- = I_x - iI_y$. Aus (16) folgen für I_+, I_- und I_z die Vertauschungsrelationen

$$\begin{aligned}
I_z\, I_+ - I_+\, I_z &= I_+ \\
I_z\, I_- - I_-\, I_z &= -\, I_- \\
I_+\, I_- - I_-\, I_+ &= 2\, I_z\,.
\end{aligned} \tag{16a}$$

Aus diesen Vertauschungsrelationen folgt für die Operatorprodukte $I_z\, I_+$ und $I_z\, I_-$

$$\begin{aligned}
I_z\,(I_+\, \psi_{p,q_\nu}) &= (I_+\, I_z + I_+)\, \psi_{p,q_\nu} = (q_\nu + 1)\,(I_+\, \psi_{p,q_\nu}) \\
I_z\,(I_-\, \psi_{p,q_\nu}) &= (I_-\, I_z - I_-)\, \psi_{p,q_\nu} = (q_\nu - 1)\,(I_-\, \psi_{p,q_\nu})\,.
\end{aligned}$$

Es ist also $I_+\, \psi_{p,q_\nu}$ ein Eigenzustand von I_z zum Eigenwert $q_\nu + 1$ und $I_-\, \psi_{p,q_\nu}$ zu $q_\nu - 1$. Wendet man den Operator $I_z\,(I_+)^n$ bzw. $I_z\,(I_-)^n$ auf ψ_{p,q_ν} an, so ergibt die n-malige Anwendung der Vertauschungsrelationen (16a)

$$\begin{aligned}
I_z\,(I_+)^n\, \psi_{p,q_\nu} &= (q_\nu + n)\,(I_+)^n\, \psi_{p,q_\nu} \\
I_z\,(I_-)^n\, \psi_{p,q_\nu} &= (q_\nu - n)\,(I_-)^n\, \psi_{p,q_\nu}\,.
\end{aligned} \tag{17}$$

Weiterhin folgen aus den Vertauschungsrelationen (16a) die beiden Gleichungen

$$I_\mp\, I_\pm = I^2 - I_z^2 \mp I_z\,, \tag{18}$$

wobei das obere Vorzeichen und das untere Vorzeichen für je eine Gleichung gelten.

Wir betrachten jetzt einen Eigenzustand $\psi_{p,q_\nu'}$ von I_z zum Eigenwert $q_\nu' \neq 0$. Da nach (6) I_+ und I_- zwei zueinander adjungierte Operatoren sind, gilt

$$(\psi, I_\mp \psi) = (I_\pm \psi, \psi) \,. \tag{19}$$

Aus der Definition des skalaren Produktes $[(\psi, \psi) \geq 0]$ folgt

$$(\psi_{p,q_\nu'}, I_\mp I_\pm \psi_{p,q_\nu'}) = (I_\pm \psi_{p,q_\nu'}, I_\pm \psi_{p,q_\nu'}) \geq 0$$

und somit nach (18)

$$(\psi_{p,q_\nu'}, (I^2 - I_z^2 \mp I_z) \psi_{p,q_\nu'}) = p - q_\nu'^2 \mp q_\nu' \geq 0 \,. \tag{20}$$

Die Summe der beiden Gleichungen (20) ergibt $p - q_\nu'^2 \geq 0$, $p > 0$ und

$$|\sqrt{p}| \geq |q_\nu'| \,.$$

Da p einen endlichen Wert hat, muß es nach (17) ein endliches n_+ geben, derart, daß für den Eigenzustand $\psi_+ = (I_+)^{n_+} \psi_{p,q_\nu'}$ von I_z zum Eigenwert $q_+ = q_\nu' + n_+$ gilt

$$I_+ \psi_+ = 0 \,.$$

Entsprechend gilt für ψ_- zum Eigenwert $q_- = q_\nu - n_-$

$$I_- \psi_- = 0 \,.$$

Aus (19) und (20) folgt dann

$$(\psi_+, I_- I_+ \psi_+) = p - q_+^2 - q_+ = 0 \tag{21}$$
$$(\psi_-, I_+ I_- \psi_-) = p - q_-^2 + q_- = 0 \,.$$

Die Differenz der beiden Gleichungen (21) ergibt

$$(q_+ + q_-)(q_+ - q_- + 1) = 0$$

und damit

$$q_+ = - q_- \,.$$

Im allgemeinen bezeichnet man q_+, den größten Eigenwert von I_z, mit dem Buchstaben I und nennt ihn den Spin der betrachteten Teilchensorte. Der Zusammenhang des Spins mit dem Eigenwert von I^2 ist nach (21) durch

$$p = I(I + 1)$$

gegeben. Bedenken wir, daß in der Gleichung

$$2I = 2q_+ = q_+ - q_- = (q_\nu' + n_+) - (q_\nu' - n_-) = n_+ + n_-$$

n_+ und n_- positive ganze Zahlen sind (17), so ergeben sich für I die möglichen Werte

$$I = 0, \tfrac{1}{2}, 1, \tfrac{3}{2}, \ldots \tag{22}$$

Die Eigenwerte von I_z durchlaufen im Abstand 1 die Werte von $q_\nu = I$ bis $q_\nu = - I$. Es gibt demnach $2I + 1$ Zustände ψ_{p,q_ν}, die zugleich Eigenzustände von I^2 zum Eigenwert $I(I + 1)$ und Eigenzustände von I_z

zu den Eigenwerten q_ν sind. Im folgenden bezeichnen wir die Eigenwerte von $\boldsymbol{I}_z$ mit M und die orthogonalen und normierten Eigenzustände von $\boldsymbol{I}^2$ und $\boldsymbol{I}_z$ mit ψ_{IM}. Dann gelten die Eigenwertgleichungen

$$\boldsymbol{I}^2\,\psi_{IM} = I\,(I+1)\,\psi_{IM} \tag{23}$$
$$\boldsymbol{I}_z\,\psi_{IM} = M\,\psi_{IM}; \qquad -I \le M \le I\,.$$

Die Normierung der Zustände $\boldsymbol{I}_\pm\,\psi_{IM} = N_\pm\,\psi_{IM\pm1}$ mit den Normierungsfaktoren N_+ und N_- ergibt nach (19) und (20)

$$(\boldsymbol{I}_\pm\,\psi_{IM},\,\boldsymbol{I}_\pm\,\psi_{IM}) = N_\pm^2 = I\,(I+1) - M^2 \mp M$$

und somit

$$\boldsymbol{I}_\pm\,\psi_{IM} = \sqrt{(I \mp M)\,(I \pm M + 1)} \cdot \psi_{IM\pm1}\,. \tag{24}$$

Da wir jetzt die Wirkung der Operatoren $\boldsymbol{I}^2$, $\boldsymbol{I}_z$, $\boldsymbol{I}_+$ und $\boldsymbol{I}_-$ auf die Zustände ψ_{IM} kennen, können wir sofort alle nicht verschwindenden Matrixelemente hinschreiben:

$$(\psi_{IM},\,\boldsymbol{I}^2\,\psi_{IM}) = I\,(I+1)$$
$$(\psi_{IM},\,\boldsymbol{I}_z\,\psi_{IM}) = M$$
$$(\psi_{IM+1},\,\boldsymbol{I}_+\,\psi_{IM}) = \sqrt{(I-M)\,(I+M+1)} \tag{25}$$
$$(\psi_{IM-1},\,\boldsymbol{I}_-\,\psi_{IM}) = \sqrt{(I+M)\,(I-M+1)}\,.$$

Liegt der einfache Fall $I = \tfrac{1}{2}$ vor, so gibt es nach (23) nur zwei Eigenzustände von $\boldsymbol{I}_z$ und $\boldsymbol{I}^2$. Man bezeichnet im allgemeinen den Eigenzustand von $\boldsymbol{I}_z$ zu $M = \tfrac{1}{2}$ mit α und den Zustand zu $M = -\tfrac{1}{2}$ mit β. Die Gleichungen (23), (24) und (25) erhalten dann die Form

$$\boldsymbol{I}^2\alpha = \tfrac{3}{4}\,\alpha \qquad \boldsymbol{I}^2\beta = \tfrac{3}{4}\,\beta$$
$$\boldsymbol{I}_z\alpha = \tfrac{1}{2}\,\alpha \qquad \boldsymbol{I}_z\beta = -\tfrac{1}{2}\,\beta \tag{23a}$$

$$\boldsymbol{I}_+\,\alpha = 0 \qquad \boldsymbol{I}_+\,\beta = \alpha$$
$$\boldsymbol{I}_-\,\alpha = \beta \qquad \boldsymbol{I}_-\,\beta = 0 \tag{24a}$$

$$(\alpha,\,\boldsymbol{I}^2\,\alpha) = \tfrac{3}{4} \qquad (\beta,\,\boldsymbol{I}^2\,\beta) = \tfrac{3}{4}$$
$$(\alpha,\,\boldsymbol{I}_z\,\alpha) = \tfrac{1}{2} \qquad (\beta,\,\boldsymbol{I}_z\,\beta) = -\tfrac{1}{2} \tag{25a}$$
$$(\alpha,\,\boldsymbol{I}_+\,\beta) = 1 \qquad (\beta,\,\boldsymbol{I}_-\,\alpha) = 1\,.$$

α und β sind orthogonal und normiert:

$$(\alpha,\,\beta) = (\beta,\,\alpha) = 0 \tag{25b}$$
$$(\alpha,\,\alpha) = (\beta,\,\beta) = 1\,.$$

c) Störungsrechnung

1. Zeitunabhängige Störungen

Es ist oft möglich, die Eigenwerte eines Hamiltonoperators $\mathscr{H}$ näherungsweise zu bestimmen, indem man ihn in die Summe eines „ungestörten" Hamiltonoperators $\mathscr{H}_0$, dessen Eigenwerte bekannt sind, und eines Störoperators $\mathscr{H}_1$ zerlegt:

$$\mathscr{H} = \mathscr{H}_0 + \mathscr{H}_1 . \tag{26}$$

Der Störoperator $\mathscr{H}_1$ soll so beschaffen sein, daß die Eigenwerte von $\mathscr{H}$ nicht sehr verschieden von den Eigenwerten von $\mathscr{H}_0$ sind. Meist schreibt man den Störoperator in der Form

$$\mathscr{H}_1 = \lambda \, \boldsymbol{S}$$

und entwickelt die Eigenwerte E_k und die Eigenzustände ψ_k in Potenzreihen nach steigenden Potenzen von λ:

$$E_k = E_k^{(0)} + \lambda \, E_k^{(1)} + \lambda^2 \, E_k^{(2)} + \ldots \tag{27}$$
$$\psi_k = \psi_k^{(0)} + \lambda \, \psi_k^{(1)} + \lambda^2 \, \psi_k^{(2)} + \ldots .$$

Die Größe des Störparameters λ ist nicht wesentlich für die Konvergenz des Verfahrens*. Meist setzt man in den Endergebnissen λ gleich 1 [siehe Gln. (29), (31) und (41)]. Im folgenden vernachlässigen wir alle Glieder mit λ^2, λ^3, $\ldots$, beschränken uns also auf die erste Näherung der Störungsrechnung. Außerdem verlangen wir zunächst, daß zu jedem der Eigenwerte von $\mathscr{H}_0$ jeweils nur ein Eigenzustand gehört. Setzt man (26) und (27) in die Eigenwertgleichung

$$\mathscr{H} \, \psi_k = E_k \, \psi_k \tag{27a}$$

von $\mathscr{H}$ ein, so folgt

$$(\mathscr{H}_0 + \lambda \, \boldsymbol{S}) \, (\psi_k^{(0)} + \lambda \, \psi_k^{(1)}) = (E_k^{(0)} + \lambda \, E_k^{(1)}) \, (\psi_k^{(0)} + \lambda \, \psi_k^{(1)})$$

und weiter

$$\mathscr{H}_0 \, \psi_k^{(0)} + \lambda \, (\mathscr{H}_0 \, \psi_k^{(1)} + \boldsymbol{S} \, \psi_k^{(0)}) = E_k^{(0)} \, \psi_k^{(0)} + \lambda \, (E_k^{(0)} \, \psi_k^{(1)} + E_k^{(1)} \, \psi_k^{(0)}) .$$

Durch Koeffizientenvergleich ergibt sich

$$\mathscr{H}_0 \, \psi_k^{(0)} = E_k^{(0)} \, \psi_k^{(0)} ,$$

die Eigenwertgleichung von $\mathscr{H}_0$, und

$$\mathscr{H}_0 \, \psi_k^{(1)} + \boldsymbol{S} \, \psi_k^{(0)} = E_k^{(0)} \, \psi_k^{(1)} + E_k^{(1)} \, \psi_k^{(0)} . \tag{28}$$

Multipliziert man (28) von links skalar mit $\psi_k^{(0)}$, so erhält man

$$(\psi_k^{(0)}, \mathscr{H}_0 \, \psi_k^{(1)}) + (\psi_k^{(0)}, \boldsymbol{S} \, \psi_k^{(0)}) = E_k^{(0)} \, (\psi_k^{(0)}, \psi_k^{(1)}) + E_k^{(1)} \, (\psi_k^{(0)}, \psi_k^{(0)}) .$$

Berücksichtigt man die Beziehung (6a)

$$(\psi_k^{(0)}, \mathscr{H}_0 \, \psi_k^{(1)}) = (\mathscr{H}_0 \, \psi_k^{(0)}, \psi_k^{(1)}) = E_k^{(0)} \, (\psi_k^{(0)}, \psi_k^{(1)}) ,$$

so folgt

$$E_k^{(1)} = (\psi_k^{(0)}, \boldsymbol{S} \, \psi_k^{(0)})$$

oder

$$\lambda \, E_k^{(1)} = (\psi_k^{(0)}, \mathscr{H}_1 \, \psi_k^{(0)}) . \tag{29}$$

---

* Schiff, L. I.: Quantum Mechanics. New York: McGraw-Hill 1955.

Durch $\lambda\,E_k^{(1)}$ wird der Betrag angegeben, um den sich der Eigenwert $E_k^{(0)}$ von $\mathscr{H}_0$ beim Einschalten der Störung $\mathscr{H}_1$ verschiebt.

Gibt es zum Eigenwert $E_k^{(0)}$ von $\mathscr{H}_0$ n Eigenzustände $\varphi_1^{(0)}$, $\varphi_2^{(0)}$, ..., $\varphi_l^{(0)}$, ..., $\varphi_n^{(0)}$, so nennt man diesen Eigenwert n-fach *entartet*. In diesem Falle ist jede Linearkombination

$$\psi_k^{(0)} = \sum_{j=1}^{n} c_{kj}\,\varphi_j^{(0)} \tag{30}$$

ebenfalls ein Eigenzustand von $\mathscr{H}_0$ zum Eigenwert $E_k^{(0)}$. Durch die Störung $\mathscr{H}_1$ wird im allgemeinen die Entartung aufgehoben. Das heißt, es gibt maximal n verschiedene Energiestörungen $\lambda\,E_{k1}^{(1)}$, $\lambda\,E_{k2}^{(1)}$, ..., die in der ersten Näherung der Störungsrechnung zu ebensovielen verschiedenen Eigenwerten E_{k1}, E_{k2}, ... von $\mathscr{H}$ führen. Um diese Eigenwerte und die dazugehörigen Eigenzustände zu finden, gehen wir wieder mit dem Ansatz (27) in die Schrödinger-Gleichung (27a) (26) ein, betrachten aber $\psi_k^{(0)}$ als Funktion der Parameter c_{jk} (Gl. 30), die nun für jede Störenergie $\lambda\,E_{kn}^{(1)}$ einen durch die Störung festgelegten Wert annehmen. An Stelle von (28) erhalten wir

$$\mathscr{H}_0\,\psi_k^{(1)} + S \sum_{j=1}^{n} c_{kj}\,\varphi_j^{(0)} = E_k^{(0)}\,\psi_k^{(1)} + E_k^{(1)} \sum_{j=1}^{n} c_{kj}\,\varphi_j^{(0)}\ .$$

Multipliziert man diese Gleichung von links skalar mit jedem der Zustände $\varphi_l^{(0)}$, so erhält man, wenn die $\varphi_l^{(0)}$ orthogonal und normiert gewählt werden, ein der Gleichung (29) entsprechendes System von n Gleichungen

$$c_{kl}\,\lambda\,E_k^{(1)} = \sum_{j} c_{kj}\,(\varphi_l^{(0)},\mathscr{H}_1\,\varphi_j^{(0)})\ . \tag{30a}$$

Dies ist ein lineares Gleichungssystem zur Bestimmung der Koeffizienten c_{kj}. Nach einem Satz der linearen Algebra hat dieses Gleichungssystem nur dann nicht verschwindende Lösungen, wenn die Determinante

$$|\,(\varphi_l^{(0)},\mathscr{H}_1\,\varphi_j^{(0)}) - \delta_{lj}\,\lambda\,E_k^{(1)}\,| = 0 \tag{31}$$

ist. Wir haben wieder eine Säkulargleichung zu lösen, die in ihrer Form mit (14) oder (8) übereinstimmt. Durch die n Wurzeln $\lambda\,E_{k1}^{(1)}$, $\lambda\,E_{k2}^{(1)}$, ..., $\lambda\,E_{kn}^{(1)}$ der Säkulargleichung, von denen einige gleich sein können, ist der Grad der Aufspaltung sowie die Abweichung der gestörten Eigenwerte von dem ungestörten Eigenwert $E_k^{(0)}$ gegeben. Sind alle Wurzeln $E_{km}^{(1)}$ verschieden, so erhält man mit ihnen aus (30a) die Koeffizienten c_{kj}, die der Störung $\mathscr{H}_1$ derart angepaßt sind, daß alle Nichtdiagonalelemente der Matrix von $\mathscr{H}_1$, die mit den Linearkombinationen (30) gebildet sind, verschwinden. Man bezeichnet daher die $\psi_k^{(0)}$ auch als die der Störung angepaßten „richtigen" Linearkombinationen.

2. Zeitabhängige Störungen

Bis jetzt war weder bei den Zuständen noch bei den Operatoren von einer Zeitabhängigkeit die Rede. Die Aussage, ein System befinde sich in einem Eigenzustand des Hamiltonoperators zu einem bestimmten Eigenwert, bedeutet ja gerade, daß bei Energiemessungen zu verschiedenen Zeiten immer derselbe Wert der Energie gefunden wird; d. h., die Energie ist zeitlich konstant. Ein System, das etwa durch Lichtabsorption Energie aufnimmt, kann sich demnach nicht in einem Eigenzustand des Hamiltonoperators befinden. Um ein solches System quantenmechanisch zu beschreiben, nehmen wir die Operatoren und Zustände zeitabhängig an. Die zeitliche Veränderung des Systems wird durch die zeitabhängige Schrödingergleichung

$$\mathcal{H}(t)\,\Psi(t) = i\,\hbar\,\frac{\partial \Psi(t)}{\partial t} \tag{32}$$

beschrieben, die man als nicht beweisbares Axiom betrachten muß.

Ist es möglich, $\mathcal{H}(t)$ in die Summe eines zeitunabhängigen Operators $\mathcal{H}_0$ und eines zeitabhängigen Operators $\mathcal{H}_1(t)$ aufzuspalten, so kann man zur Lösung von (32) wie folgt vorgehen. Man entwickelt $\Psi(t)$ in eine Reihe

$$\Psi(t) = \sum_k a_k(t)\,\Psi_k(t) \tag{33}$$

mit

$$\Psi_k(t) = \psi_k \exp\left(-\frac{i}{\hbar}\,E_k\,t\right). \tag{34}$$

ψ_k ist Eigenzustand von $\mathcal{H}_0$ zum Eigenwert E_k*. Mit

$$\mathcal{H}(t) = \mathcal{H}_0 + \mathcal{H}_1(t)$$

hat (32) die Form

$$[\mathcal{H}_0 + \mathcal{H}_1(t)] \sum_k a_k(t)\,\Psi_k(t) = i\,\hbar\,\frac{\partial}{\partial t} \sum_k a_k(t)\,\Psi_k(t)\,.$$

Daraus folgt**

$$\sum_k a_k(t)\,\mathcal{H}_1(t)\,\Psi_k(t) = i\,\hbar \sum_k \frac{\partial a_k(t)}{\partial t}\,\Psi_k(t).$$

Multipliziert man von links skalar mit $\Psi_j(t)$, so folgt mit orthogonal und normiert gewählten ψ_k

$$\sum_k a_k(t)\,(\Psi_j(t),\mathcal{H}_1(t)\,\Psi_k(t)) = i\,\hbar\,\frac{\partial a_j(t)}{\partial t}$$

und mit (34)

$$\frac{\partial a_j(t)}{\partial t} = -\frac{i}{\hbar} \sum_k a_k(t)\,(\psi_j,\mathcal{H}_1(t)\,\psi_k)\,\exp\left[\frac{i}{\hbar}\,(E_j - E_k)\,t\right].$$

Die Integration dieser Gleichung ergibt mit $E_j - E_k = \hbar\,\omega_{jk}$

$$a_j(t) = -\frac{i}{\hbar} \int_{t_0}^{t} \sum_k a_k(t')\,(\psi_j,\mathcal{H}_1(t')\,\psi_k)\,\exp\left(i\,\omega_{jk}\,t'\right)\,dt'\,. \tag{35}$$

---

* Die $\Psi_k(t)$ sind Lösungen der ungestörten zeitabhängigen Schrödingergleichung $\mathcal{H}_0\,\Psi_k(t) = i\,\hbar\,\dfrac{\partial \Psi_k(t)}{\partial t}$, wie man durch Einsetzen von (34) sofort sieht.

** Es wird vorausgesetzt, daß $\mathcal{H}_1(t)$ kein Differentialoperator nach der Zeit und demnach $\mathcal{H}_1(t)\,a_k(t) = a_k(t)\,\mathcal{H}_1(t)$ ist.

Wir betrachten jetzt ein System, das sich zur Zeit $t_0 = 0$ im Zustand $\Psi(0) = \psi_l$ befinde. In (33) erhält man also $a_l(0) = 1$ und $a_k(0) = 0$ für alle $k \neq l$. Nach einer Zeit t befindet sich das System im Zustand $\Psi(t)$, wobei nach (33) die Koeffizienten $a_k(t)$ mit der Beteiligung der Zustände $\Psi_k(t)$ am Zustand $\Psi(t)$ zusammenhängen. Die $a_k(t)$ haben jedoch als komplexe Zahlen keine unmittelbare physikalische Bedeutung. Bildet man aber die Produkte

$$W_{l \to k} = a_k(t)^* \, a_k(t) = | \, a_k(t) \, |^2, \tag{36}$$

so bedeutet $W_{l \to k}$ die Wahrscheinlichkeit, nach der Zeit t den Eigenwert E_k von $\mathscr{H}_0$ zu messen, wenn sich das System zur Zeit $t_0 = 0$ im Zustand ψ_l zum Eigenwert E_l befunden hat. Durch diese Deutung von $W_{l \to k}$ werden die abstrakten Zustände $\Psi(t)$ der Quantenmechanik mit meßbaren Wahrscheinlichkeiten verknüpft. Man bezeichnet $W_{l \to k}$ auch als *Übergangswahrscheinlichkeit* von E_l nach E_k. (Übergangswahrscheinlichkeiten spielen bei der Berechnung von Linienintensitäten in der kernmagnetischen Resonanz eine wichtige Rolle.)

Eine näherungsweise Lösung von (35) ist möglich, wenn man den zeitabhängigen Teil $\mathscr{H}_1(t)$ des Hamiltonoperators als kleine Störung betrachten kann. Dann ändert sich in einem nicht zu großen Zeitintervall der Zustand $\Psi(t)$ des Systems nur wenig. Wenn man wieder einen Störparameter λ einführt und

$$\mathscr{H}_1(t) = \lambda \, \boldsymbol{S}(t) \tag{37}$$

schreibt, kann man die Koeffizienten $a_j(t)$ in eine Potenzreihe

$$a_j(t) = a_j^{(0)} + \lambda \, a_j^{(1)}(t) + \lambda^2 \, a_j^{(2)}(t) + \cdots \tag{38}$$

entwickeln. In der nullten Näherung der Störungsrechnung wird $\Psi(t)$ als zeitunabhängig angesehen und wieder $\Psi(0) = \psi_l$ gesetzt. Das bedeutet

$$a_j^{(0)} = a_j(0) = \begin{cases} 1 \text{ für } j = l \\ 0 \text{ für } j \neq l \,. \end{cases} \tag{39}$$

Setzt man (38) und (37) in Gleichung (35) ein, so ergibt ein Koeffizientenvergleich für die Koeffizienten von λ^n

$$a_j^{(n)}(t) = -\frac{i}{\hbar} \int\limits_0^t \sum_k a_k^{(n-1)}(t') \, (\psi_j, \, \boldsymbol{S}(t') \, \psi_k) \exp\left(i \, \omega_{jk} \, t'\right) dt' \,. \tag{40}$$

Speziell erhält man für $a_j^{(1)}(t)$ mit (37)

$$\lambda \, a_j^{(1)}(t) = -\frac{i}{\hbar} \int\limits_0^t (\psi_j, \, \mathscr{H}_1(t') \, \psi_l) \exp\left(i \, \omega_{jl} \, t'\right) dt' \,, \tag{41}$$

da wegen (39) in der Summe nur der Summand mit $k = l$ übrigbleibt. Setzt man $a_j^{(1)}(t)$ in Gleichung (36) ein, so erhält man die Übergangswahrscheinlichkeit $W_{l \to j}$ in der ersten Näherung der Störungsrechnung. Wie oben schon erwähnt, wird in (41) meist $\lambda = 1$ gesetzt.

d) Näherung der Molekülzustände

Zur näherungsweisen Berechnung der Kopplungskonstanten, die in der kernmagnetischen Resonanzspektroskopie gemessen werden, wird oft das Verfahren der Molekülzustände herangezogen, weil es in seiner einfachsten Form praktisch ohne Rechnung eine Korrelation der Kopplungskonstanten mit der Elektronenstruktur der untersuchten Verbindung herstellt. Wir skizzieren im folgenden die Theorie für ein einfaches 2-atomiges Molekül AB.

Die Einelektronenzustände ψ_{AB} des Moleküls AB werden in der MO-Theorie* gewöhnlich als Linearkombinationen von Einelektronenzuständen ψ_A und ψ_B der getrennten Atome (bzw. Ionen) dargestellt:

$$\psi_{AB} = N(\psi_A + \varkappa\,\psi_B) \tag{42}$$

Nehmen wir ψ_A und ψ_B orthogonal** und normiert an, d. h.

$$\langle\,\psi_A\,|\,\psi_B\,\rangle = 0,\ \langle\,\psi_A\,|\,\psi_A\,\rangle = \langle\,\psi_B\,|\,\psi_B\,\rangle = 1\,, \tag{43}$$

so erhält man aus der Normierung von ψ_{AB}

$$N = (1 + \varkappa^2)^{-\frac{1}{2}}$$

Zu einem festen $\varkappa$ lassen sich zwei orthogonale Linearkombinationen

$$\psi_{AB}^{(1)} = N\,(\psi_A + \varkappa\,\psi_B) \tag{44a}$$

$$\psi_{AB}^{(2)} = N\,(\psi_B - \varkappa\,\psi_A) \tag{44b}$$

bilden, die als Molekülzustände in Frage kommen.

---

* MO-LCAO: molecular orbital — linear combination of atomic orbitals.

** Die Rechnung mit endlicher Überlappung $S = \langle\,\psi_A\,|\,\psi_B\,\rangle \neq 0$ ist nicht schwierig. An Stelle der Gleichungen (44), (49), (53) und (60) ergibt sich in diesem Fall

$$\psi_{AB}^{(1)} = N_1\,(\psi_A + \varkappa\,\psi_B) \tag{44a'}$$

$$\psi_{AB}^{(2)} = N_2\,(\psi_B - \lambda\,\psi_A) \tag{44b'}$$

mit

$$N_1 = (1 + \varkappa^2 + 2\,\varkappa\,S)^{-\frac{1}{2}}$$

$$N_2 = (1 + \lambda^2 - 2\,\lambda\,S)^{-\frac{1}{2}}$$

$$\lambda = (\varkappa + S)\,(1 + \varkappa\,S)^{-1}$$

$$A_s = \frac{16\,\pi}{3}\,\beta\,\gamma\,\hbar\,N_2^2\,\lambda^2\,s^2\,|\,\psi_s(0)\,|^2 \tag{49'}$$

$$A_\sigma = \beta\,\gamma\,\hbar\left[N_2^2\,\frac{2}{a^3} + N_2^2\,\lambda^2\,(1 - s^2)\,\langle\,\psi_{pz}\,|\,\frac{3\cos^2\vartheta - 1}{r^3}\,|\,\psi_{pz}\,\rangle\right] \tag{53'}$$

$$eq = -\,e\,(2\,N_1^2 + N_2^2\,\lambda^2 - 2)\,(1 - s^2)\,\langle\,\psi_{pz}\,|\,\frac{3\cos^2\vartheta - 1}{r^3}\,|\,\psi_{pz}\,\rangle + eq_{\mathrm{ion}}\,. \tag{60'}$$

Wir haben oben $S = 0$ gesetzt, um durchsichtigere Ableitungen und leichter interpretierbare Ergebnisse zu erhalten.

Wir betrachten als Beispiel ein Molekül mit zwei Elektronen in $\psi_{AB}^{(1)}$ und einem Elektron in $\psi_{AB}^{(2)}$. Wir gehen davon aus, daß AB aus einem Ion A^- mit zwei Elektronen in ψ_A und einem Ion B^+ mit einem Elektron in ψ_B entstanden ist (Abb. 19). Die Behandlung des hypothetischen Moleküls AB ist in vieler Hinsicht repräsentativ für die Behandlung von Hyperfeinstruktureffekten in paramagnetischen Übergangsmetallverbindungen. Dabei entspricht A^- dem diamagnetischen Anion und B^+ dem paramagnetischen Kation der Verbindung AB (oft in der Form B^+A^- geschrieben). Für die antisymmetrische Mehrelektronenfunktion

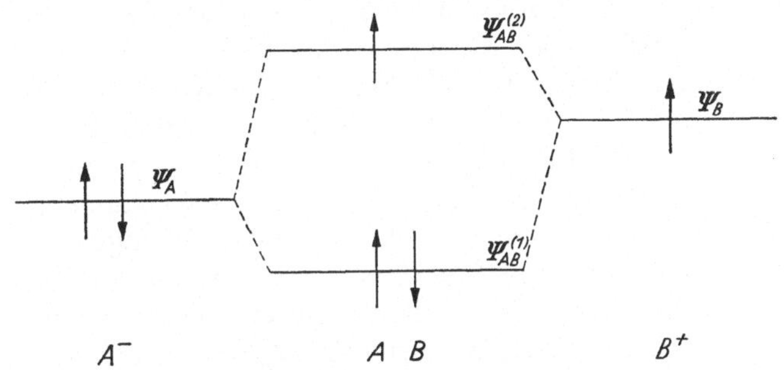

Abb. 19. Korrelationsdiagramm für das Molekül AB

des 3-Elektronenzustandes (Abb. 19) setzen wir in Näherung* eine Determinante (Leibnizsche Definition) an:

$$\Phi_0 = (3!)^{-\frac{1}{2}} \sum_P (-1)^P \, P \, \{\alpha(1) \, \psi_{AB}^{(1)}(1) \, \beta(2) \, \psi_{AB}^{(1)}(2) \, \alpha(3) \, \psi_{AB}^{(2)}(3)\}$$

Die Summe läuft über alle Permutationen der drei Elektronenkoordinaten in der Klammer $\{\ldots\}$. [Es ist $\psi(j) \equiv \psi(\vec{r}_j)$.]

In der kernmagnetischen Resonanz werden Kopplungsparameter G bestimmt, die als Erwartungswerte

$$G = \langle \Phi_0 \,|\, \boldsymbol{G} \,|\, \Phi_0 \rangle$$

des Operators $\boldsymbol{G}$ der betrachteten Kopplung (Hyperfeinstrukturkopplung, Kernquadrupolkopplung) zu betrachten sind. Oft läßt sich $\boldsymbol{G}$ als Summe von gleichen Einelektronenoperatoren

$$\boldsymbol{G} = \sum_j \boldsymbol{g}(\vec{r}_j)$$

schreiben. Dann zerfällt auch der Erwartungswert G in der betrachteten Näherung in eine Summe von Einelektronenanteilen. Bei dem oben genannten Beispiel ist demnach

---

* Siehe z. B.: HARTMANN, H.: Theorie der chemischen Bindung. Berlin: Springer 1954.

$$G = \sum_{j=1}^{3} \langle \Phi_0 \,|\, g(j) \,|\, \Phi_0 \rangle$$

$$= 2 \langle \psi_{AB}^{(1)} \,|\, g \,|\, \psi_{AB}^{(1)} \rangle + \langle \psi_{AB}^{(2)} \,|\, g \,|\, \psi_{AB}^{(2)} \rangle \qquad (45)$$

$$= \frac{2 + \varkappa^2}{1 + \varkappa^2} \langle \psi_A \,|\, g \,|\, \psi_A \rangle + \frac{1 + 2\varkappa^2}{1 + \varkappa^2} \cdot \langle \psi_B \,|\, g \,|\, \psi_B \rangle + \frac{2\varkappa}{1 + \varkappa^2} \langle \psi_A \,|\, g \,|\, \psi_B \rangle .$$

Die Integrale $\langle \psi_A \,|\, g \,|\, \psi_A \rangle$, $\langle \psi_B \,|\, g \,|\, \psi_B \rangle$ werden entweder berechnet oder aus Messungen der Größe G an den freien Atomen A und B entnommen. Das Integral $\langle \psi_A \,|\, g \,|\, \psi_B \rangle$ wird in den nachfolgenden Anwendungen vernachlässigt. Der noch verbleibende Parameter $\varkappa$ läßt sich somit im Rahmen der MO-Näherung durch eine Messung von G aus (45) bestimmen. $\varkappa$ wird oft als Kovalenzparameter bezeichnet, weil er — in der betrachteten Näherung — ein Maß für die Kovalenz der Bindung zwischen A und B darstellt. Im ionischen Grenzfall ist $\varkappa = 0$; die Elektronen in $\psi_{AB}^{(1)}$ und in $\psi_{AB}^{(2)}$ sind in den Zuständen ψ_A und ψ_B lokalisiert. Im kovalenten Grenzfall ist $|\varkappa| = 1$; die Zustände ψ_A und ψ_B sind zu gleichen Teilen an den Molekülzuständen beteiligt.

Als Kopplungsparameter G kommen in der kernmagnetischen Resonanz die Abschirmkonstanten σ_k, die Spin-Kopplungskonstanten J_{jk}, der paramagnetische Hyperfeinstrukturtensor $\mathscr{A}_{jk}$ und der Feldgradiententensor φ_{jk} in Frage (siehe Kap. III). Zur Berechnung von σ_k und J_{jk} ist das MO-Verfahren zwar mit Erfolg angewandt worden (siehe die in Kap. III, c zitierte Literatur). In der soeben skizzierten einfachen Form ist es jedoch weniger gut geeignet. Wir werden daher im folgenden nur den paramagnetischen Hyperfeinstrukturtensor und den Feldgradiententensor diskutieren.

1. Hyperfeinstrukturtensor

Wir betrachten wieder das Molekül AB mit zwei Elektronen in $\psi_{AB}^{(1)}$ und einem Elektron in $\psi_{AB}^{(2)}$. Wenn $\psi_{AB}^{(2)}$ nicht bahnentartet ist, verschwindet der Bahnmagnetismus des Elektrons bei Vernachlässigung der Spin-Bahn-Kopplung (orbital quenching). Die Elektronen in $\psi_{AB}^{(1)}$ haben antiparallelen Spin und tragen daher in der betrachteten Näherung nicht zum Paramagnetismus des Moleküls bei. Es bleibt die Berechnung der Kopplung eines magnetischen Kernmomentes $\gamma \hbar \vec{I}$ in A mit dem magnetischen Spinmoment $-2\beta \vec{S}$ des Elektrons in $\psi_{AB}^{(2)}$. Nach Gl. (III, 83, d, e) ergibt sich für die Kopplung

$$\mathscr{H}_{SI} = 2\beta\gamma\hbar \left[3\, \frac{(\vec{S}, \vec{r})\,(\vec{I}, \vec{r})}{r^5} - \frac{(\vec{S}, \vec{I})}{r^3} \right]$$

$$+ \frac{16\pi}{3} \beta\gamma\hbar\, \delta(\vec{r})\, (\vec{S}, \vec{I}) . \qquad (46)$$

$\vec{r}$ ist der Abstandsvektor vom Kern A zum Elektron. Nach Mittelung über $\psi_{AB}^{(2)}$ ergibt sich

$$\mathcal{H}'_{SI} = \langle\, \psi^{(2)}_{AB} \,|\, \mathcal{H}_{SI} \,|\, \psi^{(2)}_{AB} \,\rangle$$
$$= \vec{S} \cdot \mathcal{A} \cdot \vec{I} = \vec{S} \cdot \mathcal{A}' \cdot \vec{I} + A_S\,(\vec{S}, \vec{I}) \,. \tag{47}$$

Der Kopplungstensor $\mathcal{A}$ wurde aufgespalten in einen spurlosen Tensor $\mathcal{A}'$ und die skalare Kopplungskonstante $A_S = \frac{1}{3}$ Spur $\mathcal{A}$. Im folgenden legen wir die z-Achse eines kartesischen Koordinatensystems in die AB-Richtung und nehmen für $\psi^{(2)}_{AB}$ Rotationssymmetrie um die z-Achse an. Dann ist auch der Tensor $\mathcal{A}'$ rotationssymmetrisch um die z-Achse. Da seine Spur verschwindet, ist er vollständig durch die z-Komponente[*]

$$2\,A_\sigma = (\mathcal{A}')_{zz} = -\,2\,(\mathcal{A}')_{xx} = -\,2\,(\mathcal{A}')_{yy}$$

bestimmt. Aus (46) und (47) ergibt sich

$$2\,A_\sigma = 2\,\beta\,\gamma\,\hbar\,\langle\, \psi^{(2)}_{AB} \,\Big|\, \frac{3\cos^2\vartheta - 1}{r^3} \,\Big|\, \psi^{(2)}_{AB} \,\rangle$$

und mit (44b)

$$A_s = \frac{16\,\pi}{3}\,\beta\,\gamma\,\hbar\,\langle\, \psi^{(2)}_{AB} \,|\, \delta(\vec{r}) \,|\, \psi^{(2)}_{AB} \,\rangle$$
$$= \frac{16\,\pi}{3}\,\beta\,\gamma\,\hbar\,\frac{\varkappa^2}{1+\varkappa^2}\,|\,\psi_A(0)\,|^2$$

Wir haben $z = r\cos\vartheta$ gesetzt und den Nullpunkt des Koordinatensystems in den Kern A gelegt. Für den Zustand ψ_A nehmen wir speziell ein sp-Hybrid der Form

$$\psi_A = s\,\psi_s + \sqrt{1-s^2}\,\psi_{p_z} \tag{48}$$

an. Da die Aufenthaltswahrscheinlichkeit von p-Elektronen am Kernort zu vernachlässigen ist, ergibt sich für den isotropen Anteil der Kopplung

$$A_s = \frac{16\,\pi}{3}\,\beta\,\gamma\,\hbar\,\frac{\varkappa^2}{1+\varkappa^2}\,s^2\,|\,\psi_s(0)\,|^2 \,. \tag{49}$$

Für den anisotropen Anteil folgt

$$2\,A_\sigma = 2\,\beta\,\gamma\,\hbar\,\Big\{ \frac{\varkappa^2}{1+\varkappa^2}\,\langle\, \psi_A \,\Big|\, \frac{3\cos^2\vartheta - 1}{r^3} \,\Big|\, \psi_A \,\rangle$$
$$+ \frac{1}{1+\varkappa^2}\,\langle\, \psi_B \,\Big|\, \frac{3\cos^2\vartheta - 1}{r^3} \,\Big|\, \psi_B \,\rangle - \frac{2\,\varkappa}{1+\varkappa^2}\,\langle\, \psi_A \,\Big|\, \frac{3\cos^2\vartheta - 1}{r^3} \,\Big|\, \psi_B \,\rangle \,. \tag{50}$$

Das Integral $\langle\, \psi_A \,\Big|\, \dfrac{3\cos^2\vartheta - 1}{r^3} \,\Big|\, \psi_B \,\rangle$ wird in fast allen Anwendungen vernachlässigt[**]. Der zweite Summand in (50) läßt sich durch den Beitrag eines Punktdipols im Atomkern B, der von A den Abstand a habe, annähern:

$$2\,A_\sigma^{\mathrm{dip}} = 2\,\beta\,\gamma\,\hbar\,\frac{1}{1+\varkappa^2}\,\frac{2}{a^3} \,. \tag{51}$$

---

[*] Die Definition von A_σ entspricht einer von TINKHAM, Proc. Roy. Soc. (London) A 236, 549 (1956), eingeführten Konvention.

[**] Eine Abschätzung des Integrals geben F. KEFFER, T. OGUCHI, W. O'SULLIVAN und J. YAMASHITA in Phys. Rev. 115, 1553 (1959).

Für den ersten Summanden in (50) erhalten wir aus (48)

$$2\,A_\sigma^{\mathrm{hyp}} = 2\,\beta\,\gamma\,\hbar\,\frac{\varkappa^2}{1+\varkappa^2}\left\{(1-s^2)\left\langle\,\psi_{p_z}\left|\,\frac{3\cos^2\vartheta-1}{r^3}\,\right|\psi_{p_z}\,\right\rangle\right.$$

$$\left.+\,s^2\left\langle\,\psi_s\left|\,\frac{3\cos^2\vartheta-1}{r^3}\,\right|\psi_s\,\right\rangle + 2\,s\,\sqrt{1-s^2}\left\langle\,\psi_s\left|\,\frac{3\cos^2\vartheta-1}{r^3}\,\right|\psi_{p_z}\,\right\rangle\right\}\,. \tag{52}$$

Wegen der Kugelsymmetrie von ψ_s ist $\left\langle\,\psi_s\left|\,\dfrac{3\cos^2\vartheta-1}{r^3}\,\right|\psi_s\,\right\rangle = 0$. Das

Integral $\left\langle\,\psi_s\left|\,\dfrac{3\cos^2\vartheta-1}{r^3}\,\right|\psi_{p_z}\,\right\rangle$ verschwindet ebenfalls aus Symmetrie-
gründen, da es sich nach der Darstellung $D^{(0)}\times D^{(2)}\times D^{(1)}$ der Kugel-
drehgruppe transformiert, in der nicht die totalsymmetrische Darstellung enthalten ist. Für das noch verbleibende Integral in (52) ergibt die Rechnung

$$\left\langle\,\psi_{p_z}\left|\,\frac{3\cos^2\vartheta-1}{r^3}\,\right|\psi_{p_z}\,\right\rangle = \tfrac{4}{5}\left\langle\,r^{-3}\,\right\rangle\,.$$

$\left\langle\,r^{-3}\,\right\rangle$ ist der Mittelwert von r^{-3} über den Radialanteil von ψ_{p_z}. Er kann
oft mit genügender Genauigkeit berechnet oder aber aus Messungen der
Hyperfeinstruktur an freien Atomen A experimentell bestimmt werden.
Für A_σ^{hyp} erhalten wir schließlich

$$A_\sigma^{\mathrm{hyp}} = \beta\,\gamma\,\hbar\,\frac{\varkappa^2}{1+\varkappa^2}\,(1-s^2)\,\tfrac{4}{5}\left\langle\,r^{-3}\,\right\rangle$$

und damit

$$A_\sigma = A_\sigma^{\mathrm{dip}} + A_\sigma^{\mathrm{hyp}}$$

$$= \frac{2\,\beta\,\gamma\,\hbar}{(1+\varkappa^2)\,a^3} + \tfrac{4}{5}\,\beta\,\gamma\,\hbar\,\frac{\varkappa^2\,(1-s^2)}{1+\varkappa^2}\left\langle\,r^{-3}\,\right\rangle\,. \tag{53}$$

Es ist üblich, die Hyperfeinstrukturkonstanten A_s und A_σ^{hyp} mit den
entsprechenden Größen

$$A_s^{at} = \frac{16\,\pi}{3}\,\beta\,\gamma\,\hbar\,|\,\psi_s(0)\,|^2$$

und

$$A_\sigma^{at} = \tfrac{4}{5}\,\beta\,\gamma\,\hbar\left\langle\,r^{-3}\,\right\rangle$$

zu vergleichen, die für die Hyperfeinstruktur des Atomkerns A mit einem
Elektron in ψ_s bzw. einem Elektron in ψ_{p_z} erhalten werden. Man bezeichnet

$$f_s = A_s/A_s^{at} = \frac{\varkappa^2}{1+\varkappa^2}\,s^2 \tag{54}$$

als den Bruchteil des paramagnetischen Elektrons, der sich im ψ_s-Zu-
stand des Atoms (bzw. Ions) A aufhält und entsprechend

$$f_p = A_\sigma^{\mathrm{hyp}}/A_{p_z}^{at} = \frac{\varkappa^2}{1+\varkappa^2}\,(1-s^2) \tag{55}$$

als den Bruchteil, der sich in ψ_{p_z} aufhält. Aus (54) und (55) lassen sich
sowohl der s-Anteil am Atomzustand $\psi_A = s\,\psi_s + \sqrt{1-s^2}\,\psi_{p_z}$ als auch

der Konvalenzparameter $|\varkappa|$ der σ-Bindung zwischen A und B bestimmen.

2. Feldgradiententensor

Wir berechnen den Feldgradiententensor (FGT) ebenfalls am Kern A des Moleküls AB (zwei Elektronen in $\psi_{AB}^{(1)}$ und ein Elektron in $\psi_{AB}^{(2)}$). Der FGT ist wie der Hyperfeinstrukturtensor $\mathscr{A}$ rotationssymmetrisch um die AB-Richtung. Es genügt daher, wenn wir die Komponente eq des FGT in dieser Richtung berechnen.

Wir nehmen im folgenden an, daß insgesamt neun Elektronen zum FGT beitragen. Außer den drei Elektronen in $\psi_{AB}^{(1)}$ und $\psi_{AB}^{(2)}$ sollen sich zwei Elektronen in dem zu (48) orthogonalen Zustand

$$\psi'_A = \sqrt{1-s^2}\,\psi_s - s\,\psi_{p_z} \tag{56}$$

und je zwei Elektronen in den nichtbindenden Zuständen ψ_{p_x} und ψ_{p_y} von A befinden*.

Außer den neun Elektronen trägt eine positive Rumpfladung von B zum FGT am Kern A bei. Wir waren ja davon ausgegangen, daß sich das Molekül AB (bzw. B^+A^-) aus einem Kation B^+ mit einem Elektron in ψ_B und einem Anion A^- mit zwei Elektronen in ψ_A bildet. Nach Abzug des Elektrons in ψ_B bleibt ein nun zweifach positiv geladener Rumpf B^{2+} zu berücksichtigen. Nimmt man die Ladungsverteilung dieses Rumpfes kugelsymmetrisch an, so erzeugt sie am Kern A den gleichen Feldgradienten wie eine Punktladung $+\,2\,e$ $(e > 0)$ im Kern B. Die z-Komponente eq des FGT am Kern A ist demnach gleich der Summe

$$eq = -\,eq_{el} + eq_B\,.$$

Wir haben den Beitrag der neun Elektronen mit $-\,e\,q_{el}$, den Beitrag des Rumpfes mit $e\,q_B$ bezeichnet. Nach Gl. (II, 33) erhält man

$$eq_B = 2\,e\,\frac{3\cos^2\vartheta - 1}{a^3} = \frac{4\,e}{a^3} \tag{57}$$

für den Beitrag der Rumpfladung, wobei a den Abstand der Kerne A und B bedeutet. Der Operator $-\,e\,\boldsymbol{q}_{el}$ für den Beitrag der neun Elektronen hat nach (II, 33) die Form

$$-\,e\boldsymbol{q}_{el} = -\,e \int \frac{3\cos^2\vartheta - 1}{r^3} \left\{ \sum_{j=1}^{9} \delta\,(\vec{r} - \vec{r}_j) \right\} d\tau \tag{58}$$

$$= -\,e \sum_{j=1}^{9} \frac{3\cos^2\vartheta_j - 1}{r_j^3}\,.$$

Wir haben in (II, 33) Polarkoordinaten $x_3 = r\cos\vartheta$ eingeführt und für die Ladungsdichte

$$\varrho(\vec{r}) = -\,e \sum_{j=1}^{9} \delta\,(\vec{r} - \vec{r}_j)$$

gesetzt. $\delta(\vec{r} - \vec{r}_j)$ ist die Diracsche δ-Funktion für das Elektron am Ort $\vec{r}_j$.

---

* Für A^- nehmen wir demnach die Konfiguration $s^2 p^6$ an.

9*

Da $\mathbf{q}_{el}$ eine Summe von Einelektronenanteilen ist, zerfällt der Erwartungswert q_{el} analog zu (45) in neun Summanden

$$q_{el} = 2\,q_{AB}^{(1)} + q_{AB}^{(2)} + 2\,q_{A'} + 2\,q_{p_x} + 2\,q_{p_y} \qquad (59)$$

mit

$$q_k = \left\langle\, \psi_k \left|\, \frac{3\cos^2\vartheta - 1}{r^3}\, \right|\, \psi_k \,\right\rangle .$$

Setzt man in (59) die Funktionen $\psi_{AB}^{(1)}$, $\psi_{AB}^{(2)}$, ψ_A und ψ_A' aus (44), (48) und (56) ein, so folgt mit den gleichen Näherungen wie in Abschnitt 1

$$q_{el} = \left[\frac{2 + \varkappa^2}{1 + \varkappa^2}\,(1 - s^2) + 2\,s^2\right] q_{p_z} + \frac{1 + 2\,\varkappa^2}{1 + \varkappa^2}\left\langle\, \psi_B \left|\, \frac{3\cos^2\vartheta - 1}{r^3}\, \right|\, \psi_B \,\right\rangle$$

$$+\ 2\,q_{p_x} + 2\,q_{p_y} .$$

Für das Integral $\left\langle\, \psi_B \left|\, \dfrac{3\cos^2\vartheta - 1}{r^3}\, \right|\, \psi_B \,\right\rangle$ setzen wir in Näherung $2/a^3$ und addieren den Summanden

$$-\ \frac{1 + 2\,\varkappa^2}{1 + \varkappa^2} \cdot \frac{2\,e}{a^3}$$

zum Feldgradienten der Rumpfladung (57):

$$eq_{\text{ion}} = \frac{4\,e}{a^3} - \frac{1 + 2\,\varkappa^2}{1 + \varkappa^2}\,\frac{2\,e}{a^3} = \frac{2\,e}{a^3\,(1 + \varkappa^2)} .$$

Da eine abgeschlossene p-Schale wegen ihrer Kugelsymmetrie einen verschwindenden Feldgradienten

$$q_{p_x} + q_{p_y} + q_{p_z} = 0$$

erzeugt, läßt sich der Beitrag der nicht bindenden Elektronen in ψ_{p_x} und ψ_{p_y} zum Feldgradienten durch

$$2\,q_{p_x} + 2\,q_{p_y} = -\,2\,q_{p_z}$$

ersetzen. Wir erhalten schließlich

$$eq = -\,eq_{el} + eq_{\text{ion}}$$

$$= -\left[\frac{2 + \varkappa^2}{1 + \varkappa^2}\,(1 - s^2) + 2\,s^2 - 2\right]eq_{p_z} + \frac{2\,e}{a^3\,(1 + \varkappa^2)} \qquad (60)$$

$$= \frac{\varkappa^2}{1 + \varkappa^2}\,(1 - s^2)\,eq_{p_z} + \frac{2\,e}{a^3\,(1 + \varkappa^2)}$$

für die z-Komponente des FGT am Kern A. Dabei ist

$$-\,eq_{p_z} = -\,e\left\langle\, \psi_{p_z} \left|\, \frac{3\cos^2\vartheta - 1}{r^3}\, \right|\, \psi_{p_z} \,\right\rangle = -\,\frac{4\,e}{5}\left\langle\, r^{-3} \,\right\rangle$$

der Feldgradient, den ein Elektron in ψ_{p_z} am Kernort erzeugt.

Bei einer rein kovalenten Bindung ($\varkappa^2 = 1$) und verschwindender sp-Hybridisierung ($s^2 = 0$) erhält man für den ersten Summanden von (60) den Feldgradienten $-\,e\,q_{el} = \tfrac{1}{2}\,e\,q_{p_z}$ eines halben positiven p_z-Elektrons.

In den meisten Halogenverbindungen sind nicht drei, sondern nur zwei Elektronen an der Bindung beteiligt. Der Feldgradient am Kern A

läßt sich in diesem Fall leicht ausrechnen, indem man in (59) den Beitrag $q_{AB}^{(2)}$ des Elektrons in $\psi_{AB}^{(2)}$ wegläßt. Als Ergebnis erhält man

$$eq = \frac{2\,\varkappa^2}{1 + \varkappa^2}\,(1 - s^2)\,eq_{p_z} + eq_{\text{ion}}' . \tag{61}$$

Wir sehen, in der betrachteten Näherung wird von einem ‚antibindenden' Elektron in $\psi_{AB}^{(2)}$ gerade die Hälfte des Feldgradienten der zwei ‚bindenden' Elektronen in $\psi_{AB}^{(1)}$ kompensiert. Der Beitrag $e\,q_{\text{ion}}$ der Punktladung im Kern B ist in (60) und (61) verschieden. Bei Feldgradientenberechnungen in Festkörpern fügt man zu $e\,q_{\text{ion}}$ noch den Feldgradienten hinzu, der von den Ionen in der Umgebung von A am Kernort erzeugt wird. Der Feldgradient $- e\,q_{p_z}$ eines p_z-Elektrons wird meist aus Atomstrahlresonanzmessungen entnommen.

Bei zahlreichen Halogenverbindungen ist außer der durch ψ_{AB} beschriebenen σ-Bindung eine π-Bindung der p_x- und p_y-Elektronen von A mit Elektronen passender Symmetrie (p_x, p_y, d_{xy}, ...) des Atoms oder Ions B zu berücksichtigen. In (59) werden dann die Ausdrücke q_{p_x} und q_{p_y} durch Erwartungswerte q_{π_x} und q_{π_y} ersetzt, die mit analog zu (44a) definierten Funktionen $\psi_{AB}^{(\pi_x)}$ und $\psi_{AB}^{(\pi_y)}$ gebildet werden. Führt man die Rechnungen mit je zwei Elektronen in $\psi_{AB}^{(1)}$, ψ_A', $\psi_{AB}^{(\pi_x)}$ und $\psi_{AB}^{(\pi_y)}$ durch und nimmt speziell $\varkappa_{\pi_x} = \varkappa_{\pi_y} = \varkappa_\pi$ für die Kovalenzparameter der π-Bindungen an, so erhält man an Stelle von (61)

$$\begin{aligned}
eq &= - \left[\frac{2}{1 + \varkappa^2}\,(1 - s^2) + 2\,s^2\right] eq_{p_z} - \frac{2}{1 + \varkappa_\pi^2}\,e\,(q_{p_x} + q_{p_y}) + eq_{\text{ion}}' \\
&= \left[\frac{2\,\varkappa^2}{1 + \varkappa^2}\,(1 - s^2) - \frac{2\,\varkappa_\pi^2}{1 + \varkappa_\pi^2}\right] eq_{p_z} + eq_{\text{ion}}' .
\end{aligned} \tag{62}$$

In der Literatur haben sich die folgenden Begriffe eingebürgert:

$$\text{kovalenter Charakter der} \quad \left\{ \begin{aligned}
&\sigma\text{-Bindung:} \quad \sigma \equiv \frac{2\,\varkappa^2}{1 + \varkappa^2} \\[4pt]
&\pi_x\text{-Bindung:} \; \pi_x \equiv \frac{2\,\varkappa_{\pi_x}^2}{1 + \varkappa_{\pi_x}^2} \\[4pt]
&\pi_y\text{-Bindung:} \; \pi_y \equiv \frac{2\,\varkappa_{\pi_y}^2}{1 + \varkappa_{\pi_y}^2}
\end{aligned} \right.$$

Ionencharakter der σ-Bindung: $i \equiv 1 - \sigma$,

gesamter Ionencharakter: $I \equiv 1 - \sigma - \pi_x - \pi_y$

In Gl. (62) ist $\pi_x = \pi_y = \pi^\star$ und damit

$$eq = [(1 - s^2)\,\sigma - \pi]\,eq_{p_z} + eq_{\text{ion}}' . \tag{62a}$$

Wenn wir voraussetzen, daß sich $e\,q_{\text{ion}}'$ näherungsweise mit einem Punktladungsmodell berechnen läßt, bleiben in (62a) noch drei unbestimmte Parameter s, σ und π, denen eine experimentell bestimmbare Größe $e\,q$ gegenübersteht. In paramagnetischen Verbindungen lassen sich zwei weitere Größen $A_s(s, \sigma)$ und $A_\sigma(s, \sigma, \pi)$ experimentell bestimmen. Damit sind — im Rahmen der betrachteten Näherung — alle Meßgrößen umkehrbar eindeutig mit Parametern der Bindungstheorie verknüpft.

$\star$ Manchmal wird $\pi' = \pi_x + \pi_y = 2\,\pi$ als gesamter π-Charakter definiert.

Ausgewählte Literatur

[1] ABRAGAM, A.: The Principles of Nuclear Magnetism. Oxford: Clarendon Press 1961.

[2] ANDREW, E. R.: Nuclear Magnetic Resonance. Cambridge: University Press 1958.

[3] BIBLE, R. H.: Interpretation of NMR Spectra. New York: Plenum Press 1965.

[4] Dokumentation der Molekülspektroskopie (Sichtlochkartei und Titellisten): NMR, NQR und EPR. London und Weinheim, Bergstraße: Butterworths Publ. und Verlag Chemie 1964 ff.

[5] EMSLEY, J. W., J. FEENEY and L. H. SUTCLIFFE: High Resolution Nuclear Magnetic Resonance Spectroscopy (in two volumes). Oxford: Pergamon Press 1965.

[6] FLUCK, E.: Die kernmagnetische Resonanz und ihre Anwendung in der anorganischen Chemie. Berlin-Göttingen-Heidelberg: Springer 1963.

[7] LÖSCHE, A.: Kerninduktion. Berlin: Dt. Verl. d. Wissenschaften 1957.

[8] POPLE, J. A., W. G. SCHNEIDER and H. J. BERNSTEIN: High-resolution Nuclear Magnetic Resonance. New York: McGraw-Hill 1959.

[9] SLICHTER, C. P.: Principles of Magnetic Resonance. New York: Harper and Row 1963.

[10] STREHLOW, H.: Magnetische Kernresonanz und chemische Struktur. Darmstadt: Steinkopff 1962.

[11] SUHR. H.: Anwendung der kernmagnetischen Resonanz in der organischen Chemie. Berlin-Heidelberg-New York: Springer 1965.

Sachverzeichnis